普通高等教育“十四五”规划教材

工程燃烧学

Engineering Combustion

苏福永　编著

北　京
冶金工业出版社
2023

内 容 提 要

本书介绍了各种工业燃料的主要特点及使用性能，说明了各种燃料炉有关的燃料燃烧计算以及对现有热工设备燃烧状况的诊断分析计算。主要内容包括燃烧学的基本理论、基本概念和基本规律，如燃烧反应热力学、动力学理论，几种主要燃料的燃烧反应机理，着火理论，火焰传播理论，火焰的结构及稳定性原理，液体燃料的雾化、蒸发及燃烧的理论与技术，煤的热解及炭粒的燃烧理论与燃烧方法。在此基础上，对燃烧装置的结构以及燃烧污染物的产生及防治进行了介绍。

本书作为高等学校教材，主要面对热能与动力工程专业及新能源专业本科生，同时该教材对于工业燃烧相关技术人员也具有一定的指导作用。

图书在版编目(CIP)数据

工程燃烧学/苏福永编著. —北京：冶金工业出版社，2023. 3
普通高等教育“十四五”规划教材
ISBN 978-7-5024-9411-7

Ⅰ. ①工⋯ Ⅱ. ①苏⋯ Ⅲ. ①燃烧理论—高等学校—教材 Ⅳ. ①TK16

中国国家版本馆 CIP 数据核字（2023）第 023180 号

工程燃烧学

出版发行 冶金工业出版社　**电　话** (010)64027926
地　址 北京市东城区嵩祝院北巷 39 号　**邮　编** 100009
网　址 www. mip1953. com　**电子信箱** service@ mip1953. com

责任编辑 于昕蕾　美术编辑 彭子赫　版式设计 孙跃红
责任校对 梅雨晴　责任印制 窦　唯
三河市双峰印刷装订有限公司印刷
2023 年 3 月第 1 版，2023 年 3 月第 1 次印刷
787mm×1092mm　1/16；10. 25 印张；245 千字；155 页
定价 30. 00 元

投稿电话 (010)64027932　投稿信箱 tougao@cnmip. com. cn
营销中心电话 (010)64044283
冶金工业出版社天猫旗舰店 yjgycbs. tmall. com
(本书如有印装质量问题，本社营销中心负责退换)

前　言

能源在国家发展过程中具有十分重要的战略地位，能源安全问题是国家长期稳定发展急需解决的问题。能源使用过程中造成的碳排放和环境污染问题十分严重。我国承诺在2030年达到碳达峰，在2060年达到碳中和，燃料燃烧过程则是工业生产中主要的碳排放及污染物产生源。因此燃料与燃烧相关知识的学习与我国能源政策、节能减排政策等息息相关。

工程燃烧学是热能与动力工程专业的一门主要专业基础课，也是构成热科学理论的主要学科之一。它是研究如何将燃料的化学能高效清洁转化为热能的一门学问，其涉及基础知识面宽，应用范围十分广泛。因此，它在热能与动力工程专业的教学体系中地位十分重要，是热能与动力工程专业本科生的一门必修课程。本教材内容以各种工业燃料的主要特点及使用性能、各种燃料炉有关的燃料燃烧计算以及对现有热工设备的燃烧状况的诊断分析为主，主要内容包括燃料特性、燃烧设计计算、燃烧检测计算、燃烧温度计算、燃烧反应机理、着火理论、火焰传播理论、火焰的结构及稳定原理、气体燃料燃烧组织、液体燃料的雾化及燃烧理论与技术、煤的热解及炭粒燃烧理论与燃烧方法等。在此基础上，本教材同时对燃烧装置的结构以及燃烧污染物的产生及防治进行了介绍。本教材在讲授基础理论知识的同时，着重培养面向节能减排、绿色能源、人工环境及国家新兴战略产业需求的“新工科”人才。

本教材的编写得到北京科技大学教材建设经费资助，得到了北京科技大学教务处的全程支持。北京科技大学王恒老师对本教材的内容确定、习题编写等提供了支持，在此表示由衷的感谢。

由于作者水平有限，本教材难免有不足之处，敬请各位读者批评指正。

苏福永

2023年1月

目　录

1 固体燃料

本章要点

（1）掌握煤的分类及成分表示方式；

（2）熟悉煤的使用性能。

天然固体燃料可分为两大类，即木质燃料和矿物质燃料，前者在工业生产中很少使用。矿物质固体燃料主要是煤，它不仅是现代工业热能的主要来源，随着科学技术的发展，煤将越来越多地用于化学工业，进行综合利用。

在冶金生产中，煤主要用于炼焦和气化，但在某些中小型企业中，煤也直接被用作工业炉窑的燃料，同时也是锅炉的主要燃料。在矿物质固体燃料的介绍中，本章将重点介绍煤的各项性质。

1.1 煤的种类及其化学组成

根据生物学、地质学和化学方面的判断，煤是由古代植物演变来的，中间经过了极其复杂的变化过程。根据母体物质炭化程度的不同，按照工业分类或技术分类可将煤分为三大类，即褐煤、烟煤和无烟煤。

（1）褐煤。褐煤是炭化程度较低的煤，由于能将热碱水染成褐色而得名。它已完成了植物遗体的炭化过程，相比于生物质燃料（挥发分含量为60%~75%），其密度较大，含碳量较高，氢和氧的含量较小，挥发分产率较低（挥发分含量约为40%），堆积密度为750~800kg/m^3。褐煤的使用性能是黏结性弱，极易氧化和自燃，吸水性较强。新开采出来的褐煤机械强度较大，但在空气中极易风化和破碎，因而也不适于远地运输和长期储存，只能作为地方性燃料使用。

（2）烟煤。烟煤是一种炭化程度较高的煤。与褐煤相比，它的挥发分较少，密度较大，吸水性较小，含碳量增加，氢和氧的含量减少。烟煤是冶金工业和动力工业不可缺少的燃料，也是近代化学工业的重要原料。烟煤的最大特点是具有黏结性，这是其他固体燃料所没有的，因此它是炼焦的主要原料。应当指出的是，不是所有的烟煤都具有同样的黏结性，也不是所有具有黏结性的煤都适于炼焦。为了适应炼焦和造气的工艺要求来合理地使用烟煤，有关部门又根据黏结性的强弱及挥发分产率的大小等物理化学性质，进一步将烟煤分为长焰煤、气煤、肥煤、结焦煤、瘦煤等不同的品种。其中，长焰煤和气煤的挥发分含量高，因而容易燃烧和适于制造煤气，结焦煤具有良好的结焦性，适于生产冶金焦炭，但因在自然界储量不多，通常在不影响焦炭质量的情况下与其他煤种混合使用。

（3）无烟煤。无烟煤是矿物化程度最高的煤，也是年龄最老的煤。它的特点是密度大，含碳量高，挥发分极少，组织致密而坚硬，吸水性小，适于长途运输和长期储存。无烟煤的主要缺点是受热时容易爆裂成碎片，可燃性较差，不易着火。但由于其发热量大（约为29260kJ/kg），灰分少，含硫量低，而且分布较广，因此受到重视。据有关部门研究，将无烟煤进行热处理后，可以提高抗爆性，称为耐热无烟煤，可以用于气化，或在小高炉和化铁炉中代替焦炭使用。

在以上大类分类的同时，根据挥发分、工艺性质，以黏结性指标辅以奥亚膨胀度和胶质层最大厚度等指标，可将烟煤分为12个小类。中国煤炭分类简表如表1-1所示。

表1-1 中国煤炭分类简表

类别	符号	包括数码	分类指标	
			挥发分 V_{daf}/%	透光率 ρ_M/%
无烟煤	WY	01，02，03	<10.0	—
烟煤	YM	11，12，13，14，15，16	>10.0~20.0	—
		21，22，23，24，25，26	>20.0~28.0	
		31，32，33，34，35，36	>28.0~37.0	
		41，42，43，44，45，46	>37.0	
褐煤	HM	51，52	>37.0	<3 50

除以上煤的分类外，部分资料将泥煤也作为煤的一种。泥煤是最年轻的煤，也就是由植物刚刚变来的煤。在结构上它尚保留着植物遗体的痕迹，质地疏松，吸水性强，含天然水分高达40%以上，需进行露天干燥，风干后的堆积密度为300~450kg/m^3。在化学成分上，与其他煤种相比，泥煤含氧量最多，高达28%~38%，含碳较少。在使用性能上，泥煤的挥发分高，可燃性好，反应性强，含硫量低，力学性能很差，灰分熔点很低。在工业上，泥煤的主要用途是用来烧锅炉和做气化原料，也可制成焦炭供小高炉使用。由于以上特点，泥煤的工业价值不大，更不适于远途运输，只可作为地方性燃料在产区附近使用。煤炭基本性质及应用领域如表1-2所示。

表1-2 煤炭基本性质及应用领域

煤种	煤化程度（coalification）	质地（density）	挥发分（volatile）	含碳量（carbon content）	反应性（reactivity）	发热量（calorific value）	应用领域（application）
泥煤（peat）	低	疏松	很高	很低	好	低	锅炉燃料 气化原料
褐煤（brown coal）	较低			低			锅炉燃料 气化原料 液化原料
烟煤（bituminous coal）	较高			高			动力燃料 工业燃料 焦化化工

续表 1-2

煤种	煤化程度（coalification）	质地（density）	挥发分（volatile）	含碳量（carbon content）	反应性（reactivity）	发热量（calorific value）	应用领域（application）
无烟煤（anthracite）	高	致密	很低	很高	较差	高	化工 民用 高炉喷吹

1.2 煤的化学组成

煤是由大分子有机物和一些无机矿物杂质组成的混合物，其中有机物是由某些结构复杂的有机化合物组成，目前其分子结构还不十分清楚。一般认为它都含有一定的芳香烃（环链）和长脂肪烃（长链）以及各种官能团。

根据元素分析值，煤的主要可燃元素是碳，其次是氢，并含有少量的氧、氮、硫，它们与碳和氢一起构成可燃化合物，称为煤的可燃质。除此之外，在煤中还或多或少地含有一些不可燃的矿物质灰分（A）和水分（M），一般情况下，主要是根据煤中 C、H、O、N、S 等元素的分析值及水分和灰分的含量来了解该种煤的化学组成。现将各组分的主要特性说明如下。

碳（C）：碳是煤的主要可燃元素，它在燃烧时放出大量的热。煤的炭化程度越高，含碳量就越大。

氢（H）：氢也是煤的主要可燃元素，它的发热量约为碳的 3.5 倍，但它的含量比碳少得多。当煤的炭化程度加深时，由于含氧量下降，氢的含量是逐渐增加的，并且在含碳量为 85%时达到最大值，在此之后接近无烟煤时，氢的含量又随着炭化程度的提高而不断减少。

应当指出，氢在煤中有两种存在形式：一种是和碳、硫结合在一起的氢，叫做可燃氢，它可以进行燃烧反应和放出热量，所以也叫有效氢；另一种是和氧结合在一起，叫做化合氢，它已不能进行燃烧反应。在计算煤的发热量和理论空气需要量时，氢的含量应以有效氢为准。

氧（O）：氧是煤中的一种有害物质，因为它和碳、氢等可燃元素构成氧化物而使它们失去了进行燃烧的可能性。

氮（N）：氮在一般情况下不参加燃烧反应，是燃料中的惰性元素。但在高温条件下，氮和氧形成 NO_x，这是一种对大气有严重污染作用的有害气体。煤中含氮量为 0.5%～2%，对煤的干馏工业来说，是一种重要的氮素资源，例如，每 100kg 煤可利用其中氮素回收 7～8kg 硫酸铵。

硫（S）：硫在煤中有三种存在形态。

（1）有机硫（S_o）来自母体植物，与煤成化合状态，均匀分布；

（2）硫铁矿硫（S_p）与铁结合在一起，形成 FeS_2；

（3）硫酸盐硫（S_s）以各种硫酸盐的形式存在于煤的矿物杂质中。

有机硫和硫铁矿硫都能参与燃烧反应，因而总称为可燃硫。而硫酸盐硫则不能进行燃烧反应，它以各种硫酸盐的形式存在于煤的矿物杂质中，燃烧过程中不易分解，直接随灰渣排出。

硫在燃料中是一种极为有害的物质。这是因为硫燃烧后生成的SO_2和SO_3能危害人体健康和造成大气污染，在加热炉中能造成金属的氧化和脱碳，在锅炉中能引起锅炉换热面的腐蚀，而且，焦炭中的硫还能影响生铁和钢的质量。因此，作为冶金燃料，对其硫含量必须严格控制。例如炼焦用煤在入炉以前必须进行洗选，以除掉黄铁矿硫和硫酸盐硫。

灰分（A）：所谓灰分，指的是煤中所含的矿物杂质（主要是碳酸盐、黏土矿物质及微量稀土元素等）在燃烧过程中经过高温分解和氧化作用后生成一些固体残留物，大致成分（质量分数）是：SiO_2 40%～60%；Al_2O_3 15%～35%；Fe_2O_3 5%～25%；CaO 1%～15%；MgO 0.5%～8%；Na_2O+K_2O 1%～4%。

煤中的灰分是一种有害成分，这不仅是因为它直接关系到冶金焦炭的灰分含量从而影响高炉冶炼的技术经济指标，而且，对一些烧煤的工业炉来说，灰分含量高的煤，不仅降低了煤的发热量，而且还容易造成不完全燃烧并给设备维护和操作带来困难。

对炼焦用煤来说，一般规定入炉前的灰分不应超过10%。对各种煤的工业炉来说，除了应当注意灰分的含量以外，更要注意灰分的熔点。熔点太低时，灰分容易结渣，有碍于空气流通和气流的均匀分布，使燃烧过程遭到破坏。

水分（M）：水分也是燃料中的有害组分，它不仅降低了燃料的可燃质，而且在燃烧时还要消耗热量使其蒸发和将蒸发的水蒸气加热。

固体燃料中的水分包括游离水和化合结晶水（也称矿物结晶水）两部分：

（1）游离水。游离水包括外部水和内部水，外部水分（也叫作湿分或机械附着水）指的是不被燃料吸收而是机械地附着在燃料表面上的水分，它的含量与大气湿度和外界条件有关，当把燃料磨碎并在大气中自然干燥到风干状态后即可除掉。内部水分，指的是达到风干状态后燃料中吸附于毛细孔内的水分，该部分水分在温度大于100℃时可全部蒸发。

（2）化合结晶水。化合结晶水主要指存在于矿物杂质中的矿物结晶水，该部分水分要大于200℃才能析出，其量计入挥发分中。

1.3 煤的成分表示方法及其换算

固体燃料的成分通常用各组分的质量分数来表示，煤的工业分析值使用水分（M）、挥发分（V）、灰分（A）和固定碳（FC）的质量分数表示，各部分的测定方法如图1-1所示。

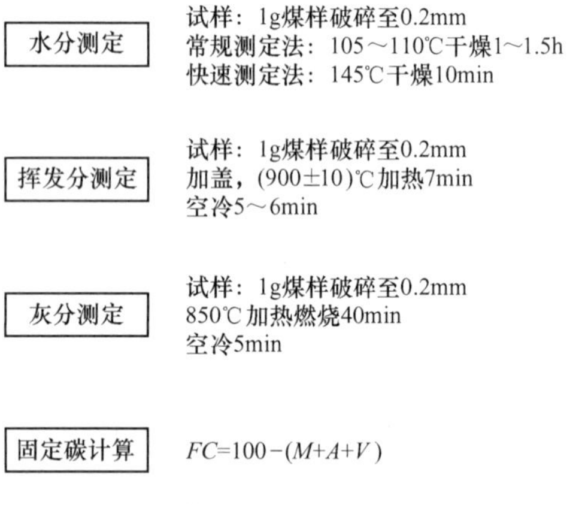

水分测定
试样：1g煤样破碎至0.2mm
常规测定法：105～110℃干燥1～1.5h
快速测定法：145℃干燥10min

挥发分测定
试样：1g煤样破碎至0.2mm
加盖，(900±10)℃加热7min
空冷5～6min

灰分测定
试样：1g煤样破碎至0.2mm
850℃加热燃烧40min
空冷5min

固定碳计算
$FC=100-(M+A+V)$

图1-1 煤的工业分析值测定方法

煤的元素分析值使用C、H、O、N、S、灰分（A）、水分（M）七种元素的质量分数进行表示，其中灰分（A）和水分（M）的测定与工业分析值测定方法一致，其余各种元素的质量测定方法如下：

（1）碳和氢的分析。采用燃烧法，将盛

有分析煤样的瓷舟放入燃烧管中，通入氧气，在800℃温度下使煤样充分燃烧，产生如下产物：

$$煤 \xrightarrow[O_2]{燃烧} CO_2 + H_2O + SO_2 + Cl_2 + N_2 + NO_2 + \cdots$$

用装有无水氯化钙和过氧酸镁的吸收管先吸收水，再以装有碱石棉或钠石灰的吸收管吸收二氧化碳。根据吸收管的增重计算出煤中碳和氢的含量。碳和氢的质量测定流程如图1-2所示。

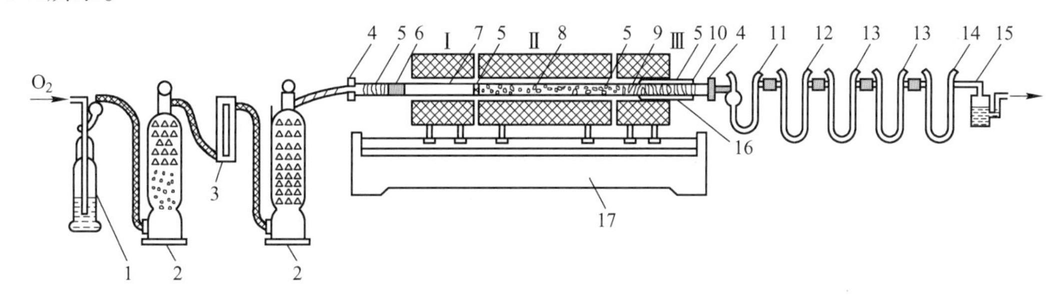

图1-2　碳和氢的质量测定流程

1—鹅头洗气瓶；2—气体干燥塔；3—流量计；4—橡皮帽；5—铜丝卷；6—瓷舟；7—燃烧管；8—氧化铜；9—铬酸铅；10—银丝卷；11—吸水U形管；12—除氮化物U形管；13—吸CO_2U形管；14—保护用U形管；15—气泡计；16—保温套管；17—三节电炉

（2）氮的分析。采用凯氏法或改进的凯氏法，其主要反应原理是煤在加热的浓硫酸中，在催化剂的作用下，使煤的有机质中碳和氢被氧化成二氧化碳和水，煤中的氮则转化为氨，再与硫酸作用生成硫酸氢铵，当加入过量氢氧化钠中和硫酸后，氨即可从氢氧化钠溶液中蒸馏出来，被硼酸吸收，最后用酸碱滴定法求出煤中的氮含量。

（3）硫的分析。全硫测定有艾氏法、高温燃烧法和弹筒燃烧法，本章以高温燃烧法为例进行说明。使煤样在高温氧气流中燃烧，硫都变成SO_2，以过氧化氢水溶液吸收后用酸碱滴定法测定生成的H_2SO_4量。硫铁矿硫和有机硫在800℃可完全分解，而硫酸盐硫则要在1350℃以上才能分解。

（4）氧的分析。不直接测定，用差减法计算得到。

前面已经谈到，各种煤都是由C、H、O、N、S、灰分（A）、水分（M）七种组分所组成，包括全部组分在内的成分，习惯上把它叫作收到基，其表示方法如下：

$$C_{ar} + H_{ar} + O_{ar} + N_{ar} + S_{ar} + A_{ar} + M_{ar} = 100 \tag{1-1}$$

煤的含水量（全水分）很容易受到季节、运输和存放条件的影响而发生变化，所以燃料的应用成分经常受到水分的波动而不能反映出燃料的固有本质。为了便于比较，常以不含水分的干燥基中的各组分的百分含量来表示燃料的化学成分，称为“干燥成分”，即

$$C_d + H_d + O_d + N_d + S_d + A_d = 100 \tag{1-2}$$

煤中的灰分也常常受到运输和存放条件的影响而有所波动，为了更确切地说明煤的化学组成特点，可以只用C、H、O、N、S五种元素在干燥无灰基中的百分含量来表示，即

$$C_{daf} + H_{daf} + O_{daf} + N_{daf} + S_{daf} = 100 \tag{1-3}$$

上述各种成分的表示方法在煤的工业分析值及元素分析值中均可以使用，煤炭的工业分析值及元素分析值之间的关系如图1-3所示。

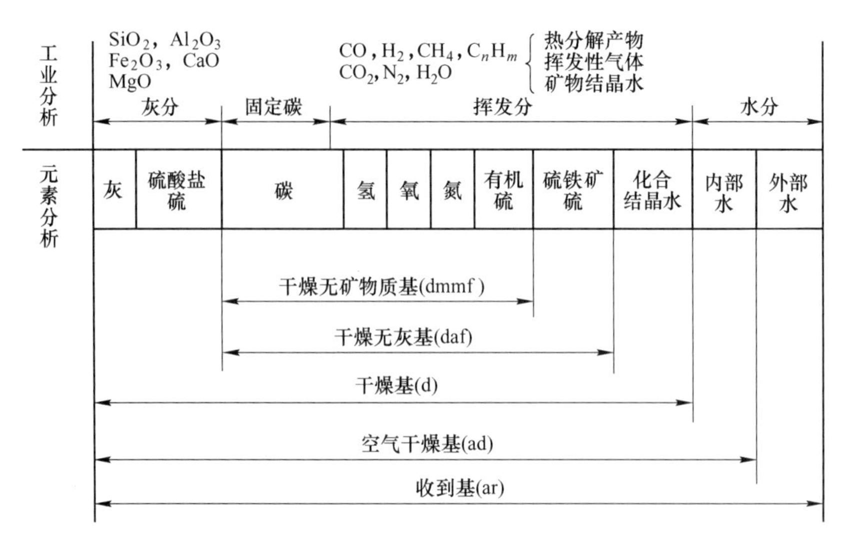

图 1-3 煤炭的工业分析值及元素分析值之间的关系

煤炭工业分析值及元素分析值在收到基、干燥基、干燥无灰基等成分表示下是可以进行换算的，其换算系数见表 1-3。

表 1-3 成分换算系数

已知基	所求基				
	空气干燥基(ad)	收到基(ar)	干燥基(d)	干燥无灰基(daf)	干燥无矿物质基(dmmf)
空气干燥基(ad)		$\frac{100-M_{ar}}{100-M_{ad}}$	$\frac{100}{100-M_{ad}}$	$\frac{100}{100-(M_{ad}+A_{ad})}$	$\frac{100}{100-(M_{ad}+MM_{ad})}$
收到基(ar)	$\frac{100-M_{ad}}{100-M_{ar}}$		$\frac{100}{100-M_{ar}}$	$\frac{100}{100-(M_{ar}+A_{ar})}$	$\frac{100}{100-(M_{ar}+MM_{ar})}$
干燥基(d)	$\frac{100-M_{ad}}{100}$	$\frac{100-M_{ar}}{100}$		$\frac{100}{100-A_d}$	$\frac{100}{100-MM_d}$
干燥无灰基(daf)	$\frac{100-(M_{ad}+A_{ad})}{100}$	$\frac{100-(M_{ar}+A_{ar})}{100}$	$\frac{100-A_d}{100}$		$\frac{100-A_d}{100-MM_d}$
干燥无矿物质基(dmmf)	$\frac{100-(M_{ad}+MM_{ad})}{100}$	$\frac{100-(M_{ar}+MM_{ar})}{100}$	$\frac{100-MM_d}{100}$	$\frac{100-MM_d}{100-A_d}$	

例：干燥基成分与干燥无灰基成分之间的转换。

解：由于 FC 绝对量不变，所以有

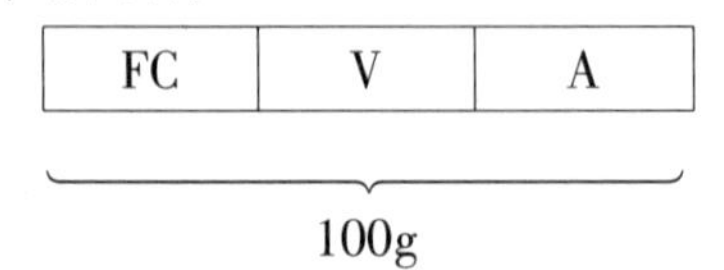

$$FC_{d} = FC$$

$$FC_{daf} = \frac{FC}{100 - A_{d}} \times 100 \Rightarrow FC \times 100 = FC_{daf} \times (100 - A_{d})$$

$$FC_{daf} = \frac{100}{100 - A_{d}} \times FC_{d}$$

1.4 煤的使用性能

为了合理地利用煤资源和正确制定煤利用的工艺技术方案和操作制度，除了煤的化学组成外，还必须了解它的使用性能。

(1) 煤的发热量。发热量是评价燃料质量的一个重要指标，也是计算燃烧温度和燃料消耗量时不可缺少的依据。

工程计算中规定，1kg 煤完全燃烧后所放出的燃烧热叫做它的发热量，单位是 kJ/kg。

燃料的发热量有两种表示方法，即

高发热量 Q_{gr}：也称燃烧热或总热值，是指单位质量的燃料完全燃烧后其产物冷却到燃烧前的状态（规定 101325Pa，298K），其中的水蒸气以液态存在时所放出来的全部热量；

低发热量 Q_{net}：也称热值或净热值，是指单位质量的燃料完全燃烧后其产物冷却到燃烧前的状态，其中的水蒸气仍为气态时所放出来的全部热量，即由高位发热量扣除烟气中水的凝结热后所得热值。

煤的发热量可以用氧弹式热量计直接测定，氧弹热量计有恒温式和绝热式两种，氧弹热量计设备如图 1-4 所示。

图 1-4 氧弹热量计

使用氧弹热量计测量得到的发热量称为弹筒发热量，因其热量中包含产物中稀硫酸生成热与稀硝酸的生成热，因此其更接近于高位发热量。弹筒发热量与恒容高位发热量及恒容低位发热量的关系如下：

恒容高位发热量=弹筒发热量-（稀硫酸生成熟与 SO_2 生成热之差+稀硝酸的生成热）

恒容低位发热量=恒容高位发热量-水的蒸发热

煤的发热量也可以由公式计算得到，发热量（kJ/kg）的计算公式是很多的，它们都是由实验测试结果总结得到的，主要公式如下。

1）杜隆公式：

$$Q_{gr} = 4.187[81C + 354.5(H - O/8) - 22.5S] \tag{1-4}$$

2）门捷列夫公式：

$$Q_{gr} = 4.187[81C + 300H - 26(O - S)] \tag{1-5}$$

$$Q_{net} = 4.187[81C + 246H - 26(O - S) - 6M] \tag{1-6}$$

3）高低发热量的换算公式：

$$Q_{net} = Q_{gr} - 25.12(9H + M) \tag{1-7}$$

（2）比热容、导热系数。煤在室温条件下的比热容为 0.84~1.67 kJ/(kg·℃)，并随炭化程度的提高而变小。一般来说泥煤比热容为 1.38kJ/(kg·℃)，褐煤为 1.21kJ/(kg·℃)，烟煤为 1.00~1.09kJ/(kg·℃)，石墨为 6.52kJ/(kg·℃)。实验发现常温条件下，煤的比热容与水分和灰分含量呈线性关系，并可用下式计算：

$$c_p = 4.187(0.24 \times C_{daf} + 1.00 \times M_{ar} + 0.165A_{ar})/100 \tag{1-8}$$

式中 c_p——恒压比热容，kJ/(kg·℃)；

C_{daf}——干燥无灰基中碳的质量分数,%；

M_{ar}——收到基中水分含量,%；

A_{ar}——收到基中灰分含量,%。

煤的导热系数一般为 0.232~0.348W/(m·℃)，并随炭化程度和温度的升高而增大，一般炼焦煤在干馏温度范围内的导热系数可用下式计算：

$$\lambda = 0.121 + 0.543 \times 10^{-3}t + 0.543 \times 10^{-6}t^2 \tag{1-9}$$

（3）黏结性、结焦性。所谓煤的黏结性指的是粉碎后的煤在隔绝空气的情况下加热到一定温度时，煤的颗粒相互黏结形成焦块的性质。

煤的结焦性是指煤在工业炼焦条件下，一种煤或几种煤混合后的黏结性，也就是煤能炼出冶金焦的性质。

因此，煤的黏结性和结焦性是两个不同的概念，但两者在本质上又有相同之处，一般来说，黏结性好的煤结焦性就比较强。

了解煤的黏结性和结焦性是很重要的，可以使我们知道某种煤是否适于炼焦。煤的黏结性和结焦性对于煤的气化和燃烧性能也有很大的影响，例如具有强黏结性的煤在气化和燃烧时容易结成大块，影响气流的均匀分布。

（4）煤的耐热性。煤的耐热性是指煤在加热时是否易于破碎而言的。耐热性的强弱能直接影响到煤的燃烧和气化效果。耐热性差的煤（主要是无烟煤和褐煤），气化和燃烧时容易破碎成碎片妨碍气体在炉内的正常流通，并容易发生烧穿现象，使气化过程变坏。

无烟煤耐热性低的原因主要是由于其结构致密，加热时因内外温差而引起膨胀不均造成了煤的破裂。但经过热处理后，可以改善其耐热性。至于褐煤的耐热性差，主要是由内部水分大量蒸发所致。

（5）煤灰熔融性。煤灰熔融性指煤在燃烧或气化过程中灰渣受热软化熔融而结渣的性质。用煤灰制成的三角锥体在规定条件下加热时，用测出的三个特征温度，即变形温度、软化温度和流动温度来表示，煤灰各种形态如图 1-5 所示。

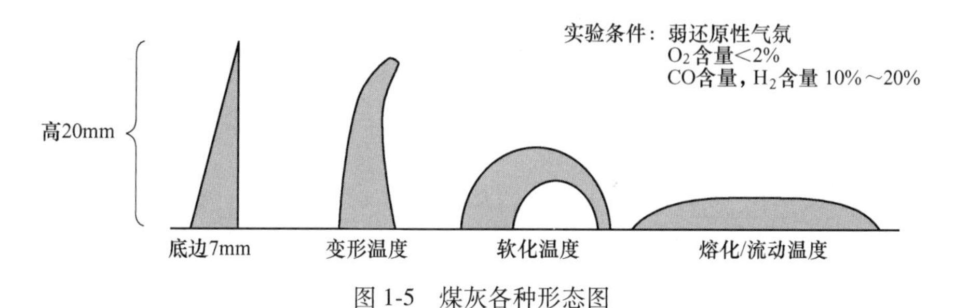

图 1-5　煤灰各种形态图

灰分的熔点与灰分的组成及炉内的气氛有关，其熔点在 1000~1500℃之间。一般来说，含硅酸盐（SiO_2）和氧化铝（Al_2O_3）等酸性成分多的灰分，熔点较高，含氧化铁（Fe_2O_3）、氧化钙（CaO）、氧化镁（MgO）以及氧化钾（Na_2O+K_2O）等碱性成分多的灰分，熔点较低。此外，灰分在还原性气氛中的熔点比在氧化性气氛中高，两者相差 40~170℃。

（6）反应性和可燃性。煤的反应性是指煤的反应能力，也就是燃料中的碳与二氧化碳及水蒸气进行还原反应的速度。反应性的好坏用反应产物中 CO 的生成量和氧化层的最高温度来表示。CO 的生成量越多，氧化层的温度越低，则反应性越好。

煤的可燃性指的是燃料中的碳与氧发生氧化反应的速度，即燃烧速度。煤的炭化程度越高，则反应性和可燃性越差。

综合以上可以看出，不同品种和不同产区的煤，其物理化学和工艺性能往往差别很大。为了合理地利用煤的资源，必须根据煤的特性加以分类研究。

1.5　煤炭的加工转化及综合利用

煤的加工转化及综合利用主要包括煤的物理加工、热加工及化学改质三种途径，通过以上途径即可实现煤炭的加工转化及综合利用。

（1）物理加工。煤炭的物理加工主要包括煤的洗选、煤粉、水煤浆及型煤等。煤的洗选主要利用煤与矿物杂质的密度、理化性质等不同，将其分离，降低其杂质含量。煤粉是将煤磨碎至 80%<75μm，以气流床燃烧方式应用于电站锅炉。水煤浆为含煤粉约 2/3、水 1/3 及少量添加剂构成的浆体，应用于电站锅炉及工业炉窑（图 1-6）。型煤是以粉煤为主要原料，按具体用途所要求的配比、机械强度和形状大小经机械加工压制成型的，具有一定强度和尺寸及形状各异的煤成品。

（2）热加工。煤的热加工主要包括高温干馏和低温干馏两种方式，干馏后可生产焦炭、焦炉煤气及焦油等物质。高温干馏通常是在 900~1000℃下进行的，低温干馏主要是在 500~600℃下进行的。高温干馏及低温干馏的产物性质对比如图 1-7 所示。

（3）化学改质。煤炭的化学改质主要指煤的气化与煤的液化。

煤的气化是指煤或焦炭、半焦等固体燃料在高温常压或加压条件下与气化剂反应，转

图 1-6　水煤浆图

化为气体产物和少量残渣的过程。气化剂主要是水蒸气、空气（或氧气）或它们的混合气，气化反应包括了一系列均相与非均相化学反应。所得气体产物视所用原料煤质、气化剂的种类和气化过程的不同而具有不同的组成，可分为空气煤气、半水煤气、水煤气等。煤气化过程可用于生产燃料煤气，作为工业窑炉用气和城市煤气，也用于制造合成气，作为合成氨、合成甲醇和合成液体燃料的原料。煤的气化过程通常在固定床、移动床、流化床及气流床设备中进行。

煤的液化是指从煤中产生液体燃料的一系列方法的统称，根据加工过程的不同路线，煤的液化分为直接液化和间接液化两种。煤直接液化是煤浆在一定的温度和压力及催化剂作用条件下，通过一系列加氢反应生成液态烃类及气体烃，脱除煤中氧、氮和硫等杂原子的深度转化过程。煤间接液化是将煤先经气化制成合成气（$CO+H_2$），再在催化剂的作用下，生成烃类产品和化学品的过程。

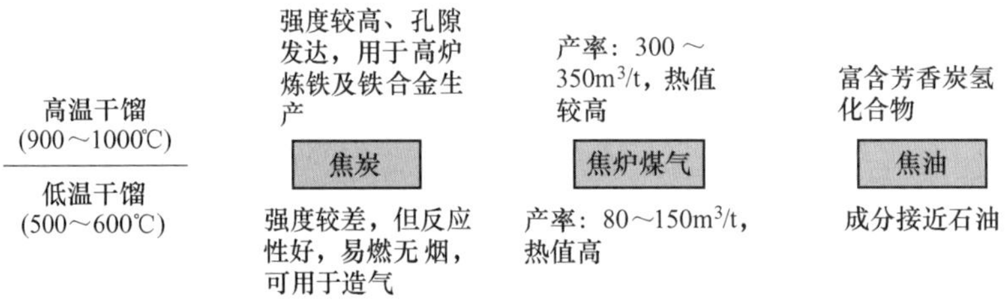

	焦炭	焦炉煤气	焦油
高温干馏(900～1000℃)	强度较高、孔隙发达，用于高炉炼铁及铁合金生产	产率：300～350m^3/t，热值较高	富含芳香炭氢化合物
低温干馏(500～600℃)	强度较差，但反应性好，易燃无烟，可用于造气	产率：80～150m^3/t，热值高	成分接近石油

图 1-7　高温干馏与低温干馏产品对比

1.6　其他固体燃料

固体燃料大都含有碳或碳氢化合物，除煤外主要的固体燃料还包括油页岩、生物质燃料、天然焦、沥青质及可燃冰等。

（1）油页岩（油母页岩）。油页岩主要由藻类等低等生物生成，具有片状层理性的无孔固体（图 1-8），颜色由浅灰至深褐不等，由有机质（<35%）、矿物质和水分（4%～25%）组成。其中有机质的绝大部分是不溶于普通溶剂的成油物质（油母），富含脂肪烃结构，而较少芳烃结构。低温干馏，其油母质热解生成页岩油、页岩气及固体炭渣。固体炭渣附着于加热后的无机质表面，通常称为半焦。作为燃料而言，油页岩是一种高灰分、高挥发分、低热值和中等结渣倾向的劣质燃料，适用于流化床及循环流化床锅炉燃烧。

（2）炭沥青（沥青煤、炭沥青煤）。炭沥青是一种低灰、低硫、质地较均匀的高热值固体可燃矿物，变质程度相当于无烟煤阶段。一般干燥无灰基挥发分为 3%～19%，干基灰分为 10%～15%，有的甚至低于 5%，干基总硫含量低于 1.6%，干基发热量为 16747～25121kJ/kg。

图 1-8　油页岩示意图

（3）天然焦。天然焦是自然界中存在的一种焦炭（图 1-9）。在古代火成岩活动频繁的地区，由于发出大量的热液，使附近的煤层受热干馏而变成的焦炭。挥发分为 5%～15%，气孔率较低，反应性比冶金焦差，不易风化变质，可用作燃料或用于小高炉，也可用于生产合成气或燃料气以及制电石的原料。

图 1-9　天然焦示意图

（4）生物质成型燃料。生物质成型燃料是以农林剩余物为主原料，经切片—粉碎—除杂—精粉—筛选—混合—软化—调质—挤压—烘干—冷却—质检—包装等工艺，最后制成成型环保燃料，其主要由木柴边角料、锯末、秸秆、树皮等粉碎后压制成型（图1-10）。

（5）可燃冰。天然气水合物即可燃冰（图 1-11），是天然气与水在高压低温条件下形成的类冰状结晶物质，因其外观像冰，遇火即燃，因此被称为“可燃冰”（combustible ice）、“固体瓦斯”和“气冰”。天然气水合物分布于深海或陆域永久冻土中，其燃烧后仅生成少量的二氧化碳和水，污染远小于煤、石油等，且储量巨大，因此被国际公认为石油等燃料的接替能源。可燃冰不是冰，而是一种自然存在的微观结构为笼型的化合物。

图 1-10　生物质成型燃料

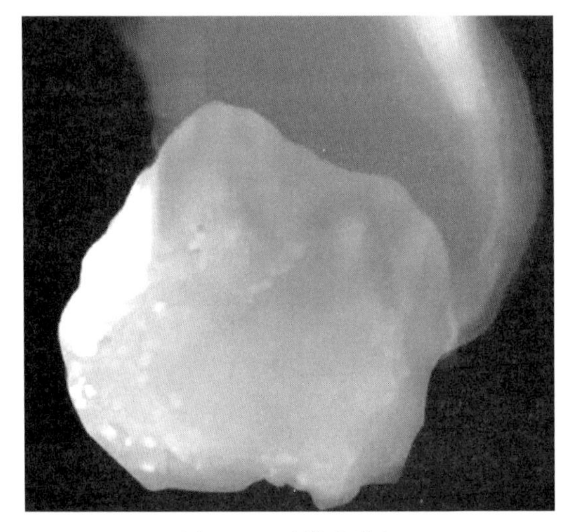

图 1-11　可燃冰形态

2 液体燃料

本章要点

(1) 掌握石油的加工及主要油产品的特点;

(2) 了解重油的使用性能。

液体燃料有天然液体燃料和人造液体燃料两大类,前者指石油及其加工产品,后者主要指从煤中提炼出的各种燃料油。

2.1 石油的加工及其产品

1983 年第 11 届世界石油大会正式提出对石油的科学命名方案,这个命名方案对石油所作定义为:石油是指气态、液态和固态的烃类混合物,具有天然的产状。石油包含的主要产品如图 2-1 所示。

原油 (crude oil)	是指石油的基本类型,储存在地下储集层内,在常压条件下呈液态
天然气 (natural gas)	呈气相,或处于地下储存条件时溶解于原油内。在常温常压下呈气态
天然气液 (natural gas liquid)	是天然气的一部分。从天然气处理装置内呈液态回收。它包括甲烷、乙烷、丙烷、丁烷、天然汽油和凝析油等
天然焦油 (natural tar)	是石油天然气沉积的产物,呈半固态或固态。其天然成分中含少量金属和非他非烃类。常温常压下其黏度大于10Pa·s

图 2-1 石油包含的主要产品

原油是最常见的一种石油产品,它是一种黑褐色的黏稠液体,由各种不同族和不同相对分子质量的碳氢化合物混合组成,它们主要是一些烷烃(C_nH_{2n+2})、环烷烃(C_nH_{2n})、芳香烃(C_nH_{2n-2})和烯烃(C_nH_{2n})。此外,还含有少量的硫化物、氧化物、氮化物、水分和矿物杂质。

根据产地不同,原油的物理化学性质也往往有所不同。一般将轻馏分多的原油叫轻质原油,轻馏分少的叫重质原油。根据所含碳氧化合物的种类,可将原油分为以下几种:

(1) 石蜡基原油。石蜡基原油含石蜡族(烷烃 C_nH_{2n+2})碳氢化合物较多。高沸点馏分中含有大量石蜡。我国大庆原油和中东阿拉伯原油即属此类。从这种原油中可以得到黏度指数较高的润滑油和燃烧性能良好的煤油，缺点是所产汽油的辛烷值较低，加工时需有专门的脱蜡系统。

石蜡族的碳氢化合物是一种链状结构的饱和性碳氢化合物。当碳的原子数 $n>4$ 时，有所谓正烷烃（直链结构）和异烷烃（侧链结构）之分，并互相构成各种同素异形体。当 $n=1\sim4$ 时，在常温下呈气体状态，是天然气的主要成分。当 $n=5\sim15$ 时，常温下呈液体状态，是煤油的主要成分。

（2）烯基原油。烯基原油含烯烃（C_nH_{2n}）较多，从中可以得到少量辛烷值高的汽油和大量优质沥青。它的优点是含蜡少，所以便于炼制柴油和润滑油，缺点是汽油产量小，润滑油黏度指数低，煤油容易冒烟。烯烃和烷烃一样，也是原油的主要成分，但因它是不饱和烃，所以化学稳定性和热稳定性都比烷烃差，在高温和催化剂作用下，很容易转化成芳香族碳氢化合物。

（3）中间基原油。中间基原油烷烃和烯烃的含量大体相等，也叫混合基原油，从中可以得到大量直馏汽油和优质煤油，缺点是汽油的辛烷值不高且含蜡较多。

（4）芳香基原油。芳香基原油含芳香烃较多，在自然界中储存量很少，从中可以得到辛烷值很高的汽油和溶解力很强的溶剂，缺点是它产生的煤油容易冒烟。芳香烃是一种环状结构的不饱和碳氢化合物，由于是不饱和烃因此化学活性较强，容易置换成其他产品。

目前常用的原油加工方法主要是分馏法和裂解法，其加工方法示意图如图 2-2 所示。

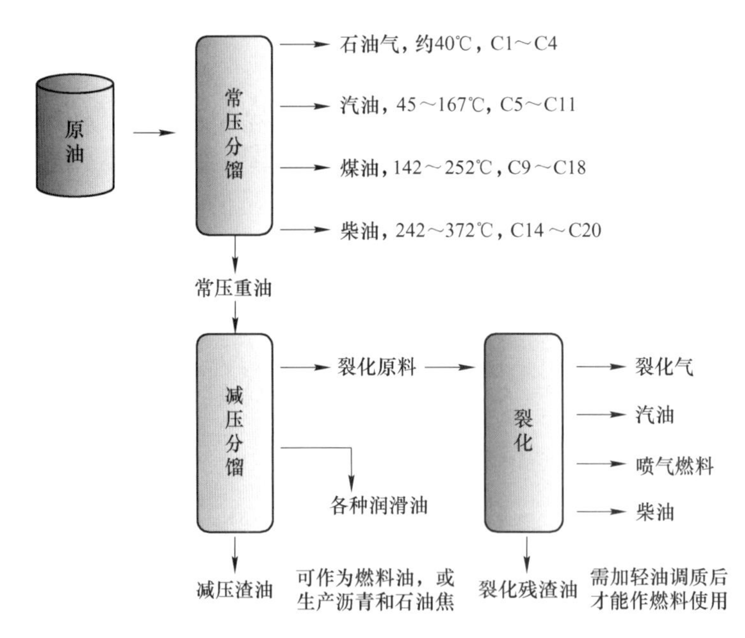

图 2-2　原油加工过程示意图

（1）分馏法。分馏法是用蒸馏的方法将原油分离成不同沸点范围的石油馏分的过程。分馏法又分为常压分馏法和减压分馏法。常压分馏处理沸点低于 350℃ 的石油产品；而减压分馏则处理沸点高于 350℃ 的重质馏分。

1）常压分馏法：由于分馏塔内工作压力接近大气压力故名常压分馏。经过常压分馏可以得到石油气、汽油、挥发油、煤油、柴油等沸点在350℃以下的石油产品。

2）减压分馏法：分馏塔内压力一般只有4000~10000Pa，甚至低到1333Pa以下，故又称真空分馏，用来处理沸点高于350℃以上的重质馏分，以提高轻质产品的收得率。例如提炼沸点为350~500℃的粗柴油和轻质润滑油等。

（2）裂解法。用直接分馏法只能分馏出相对分子质量较小的轻质油品。为了提高原油中轻质油品的产量，特别是汽油的产量，可将直接分馏塔剩下的残渣或某些相对分子质量较大的重质油品进一步在高温高压条件下进行分解，这种工艺叫做裂解法。裂解法是使较大的烃类分子分裂为几个较小分子的反应过程。裂化过程是在加热，或同时有催化剂存在，或还在加氢条件下进行的，形成所谓热裂化、催化裂化、加氢裂化等不同工艺。其目的是将重质油裂化成汽油、煤油、柴油，以提高轻质油品收率。

2.2 主要石油产品的特点

各种石油加工产品的元素组成差异不大，其发热量差异也不大，其灰分极少，但水分的变化范围较大。不同的产品适用于不同的燃烧方法和设备，因而从内燃机、燃气轮机到各种工业炉窑，不同的设备对燃料性能的评价指标有很大的区别。常见的石油产品包括汽油、柴油及燃料油等。

（1）汽油。汽油是从原油里分馏、裂解出来的具有挥发性、可燃性的烃类混合物液体，可用作燃料。外观为透明液体，可燃，馏程为30~220℃，主要成分为C5~C12脂肪烃和环烷烃，以及一定量芳香烃，汽油具有较高的辛烷值（抗爆震燃烧性能），并按辛烷值的高低分为89号、92号、95号、98号等牌号。汽油的主要特性如下。

1）基本性状：无色至淡黄色易流动易燃液体。

2）主要成分：C5~C12脂肪烃和环烷烃，并含少量芳香烃和硫化物。

3）物理性质：密度0.72~0.74g/mL，发热量44000kJ/kg。

4）产品牌号：按辛烷值确定牌号。

5）燃料性质：

①抗爆性：用辛烷值表示。

②蒸发性和燃烧性：由馏程、蒸气压和气液比来评定。

③安定性：用实际胶质和诱导期表征。

④腐蚀性：用总硫、硫醇、铜片腐蚀等表征。

⑤闪点：-43℃。

⑥自燃点：415~530℃。

⑦爆炸浓度范围：1.3%~7.0%。

汽油的牌号通过辛烷值确定，汽油成分中异辛烷（C_8H_{18}）的抗爆性好，其辛烷值定为100；正庚烷（C_7H_{16}）的抗爆性差，其辛烷值定为0。如果汽油的标号为92，则表示该标号的汽油与含异辛烷92%、正庚烷8%的标准汽油具有相同的抗爆性。为评定燃油的抗爆震性能，一般采用两种方法：马达法（MON）和研究法（ROM）。评定工作一般在一台专门设计的可变压缩比的单缸发动机上进行。两种方法只是测试条件不一样，马达法的条件较为苛刻，容易产生爆震，同一种燃油，测出的值较低。

（2）柴油。柴油是轻质石油产品，复杂烃类（碳原子数9~18）混合物，为柴油机燃料，主要由原油蒸馏、催化裂化、热裂化、加氢裂化、石油焦化等过程生产的柴油馏分调配而成，也可由页岩油加工和煤液化制取，分为轻柴油（沸点范围180~370℃）和重柴油（沸点范围350~410℃）两大类。广泛用于大型车辆、铁路机车、船舰。柴油的主要特性如下。

1）性状：褐色至深褐色较易流动液体。

2）主要成分：C9~C18各类烃类混合物。

3）密度：0.79~0.86g/mL，热值46000kJ/kg。

4）沸点：轻柴油180~370℃，重柴油250~410℃。

5）产品牌号：按凝点轻柴油分为10号、5号、0号、-10号、-20号、-35号和-50号共7个牌号；重柴油分为10号、20号和30号共3个牌号。

6）主要燃料性质：

①燃烧性（包括抗爆性和着火性能）：用十六烷值表示，越高越好。车用柴油十六烷值范围：45~49。

②流动性：由凝点、冷滤点和黏度来评定。

③安定性：用实际胶质和10%蒸余物残炭来评定。

④腐蚀性：用硫含量、铜片腐蚀等表征。

⑤闪点：≥45~55℃。

⑥自燃点：约350℃。

⑦爆炸浓度范围：1.5%~4.5%。

凝点是评定柴油流动性的重要指标，它表示燃料不经加热而能输送的最低温度。柴油的凝点是指油品在规定条件下冷却至丧失流动性时的最高温度。柴油中正构烷烃含量多且沸点高时，凝点也高。一般选用柴油的凝点低于环境温度3~5℃，因此，随季节和地区的变化，需使用不同牌号，即不同凝点的商品柴油。在实际使用中，柴油在低温下会析出结晶体，晶体长大到一定程度就会堵塞滤网，这时的温度称作冷滤点。与凝点相比，它更能反映实际使用性能。对同一油品，一般冷滤点比凝点高1~3℃。采用脱蜡的方法，可降低凝点，得到低凝柴油。

评定柴油的抗爆性采用十六烷值。正十六烷（自燃点205℃）的抗爆性好，其十六烷值抗爆性定为100，α-甲基萘（自燃点529℃）的抗爆性差，其抗爆性定为0。如果柴油的抗爆性为60，则表示该标号的柴油与含正十六烷60%、α-甲基萘40%的标准柴油具有相同的抗爆性。

（3）燃料油。燃料油广泛用于电厂发电、船舶锅炉燃料、加热炉燃料、冶金炉和其他工业炉燃料。燃料油主要由石油的裂化残渣油和直馏残渣油制成，其特点是黏度大，含非烃化合物、胶质、沥青质多。1996年我国制定了燃料油行业标准SH/T 0356—1996。将燃料油分为8个牌号。

1号和2号：是馏分燃料油，适用于家用或工业小型燃烧器上使用。

4号轻和4号：是重质馏分燃料油或馏分燃料油与残渣燃料油混合而成的燃料油。

5号轻、5号重、6号和7号：是黏度和馏程范围递增的残渣燃料油，为了装卸和正常雾化，在温度低时一般都需要预热，我国使用最多的是5号轻、5号重、6号和7号燃料油。

工业炉用燃料油的国家分类标准如表 2-1 所示。

表 2-1 炉用燃料油的质量标准

牌号			1号	2号	4号轻	4号	5号轻	5号重	6号	7号
闪点（闭口）/℃		≥	38	38	38	55	55	55	60	
闪点（开口）/℃		≥								130
馏程/℃	10%回收温度	≤	215							
	90%回收温度	≥		282						
		≤	288	338						
运动黏度 /$mm^2 \cdot s^{-1}$	40℃	≥	1.3	1.9	1.9	5.5				
	40℃	≤	2.1	3.4	5.5	24.0				
	100℃	≥					5.0	9.0	15.0	
	100℃	≤					8.9	14.9	50.0	185
10%蒸余物残留质量分数/%			0.15	0.35						
灰分质量分数/%					0.05	0.10	0.15	0.15		
硫质量分数/%			0.50	0.50						
铜片腐蚀（50℃，3h）/级		≤	3	3						
密度（20℃） /$kg \cdot m^{-3}$		≥			872					
		≤	846	872						
倾点/℃		≥	−18	−16	−16					

2.3 重油的使用性能

重油是原油加工后剩下的残渣油，因此它的化学组成与所用的原油有很大关系。一般来说，重油也是由多种碳氢化合物混合而成的。和原油一样，这些碳氢化合物主要是一些烷烃、环烷烃、烯烃和芳香烃，与原油相比重油含有更多的氧化物、氮化物、硫化物、水分和机械杂质。

重油所含各种碳氢化合物的分析方法比较困难，所以一般很少提供这方面的资料。对于将重油作为燃料使用的各工业部门来说，了解重油化学组成的目的主要是进行燃烧计算，因此只需掌握重油的元素成分。和固体燃料一样，重油的元素成分也是用 C、H、O、N、S、灰分（A）和水分（M）的质量分数来表示的。

重油的主要可燃元素是 C 和 H，它们占重油可燃成分的 95%以上。一般来说，重油的黏度越大，含 C 量越高，含 H 量则越低。重油中 O 和 N 的含量很少，影响不大。

重油中硫的含量虽然不多，但危害甚大，作为冶金燃料，必须严格控制。我国除个别地区外，大部分地区石油的含硫量都在 1%以下。

重油中的水分是在运输和储存过程中混进去的。重油含水多时，不仅降低了重油的发热量和燃烧温度，而且还容易由于水分的汽化影响供油设备的正常进行，甚至影响火焰的稳定。因此，水分太多时应设法除掉，目前一般都是在储油罐中用自然沉淀的办法使油水分离加以排除。不过近来为了改善高黏度残渣油的雾化性能和降低烟气中 NO_2的含量，实践证明，向重油中掺入适当的水分（约 10%），经乳化后，可以取得有益的效果，值得重视。

重油的灰分含量极少，一般不超过 0.3%。机械杂质的含量则和运输及贮存条件有关，为了保证供油设备和燃烧装置的正常进行，应当进行必要的过滤。

必须指出，各地重油的元素成分基本相近，但其物理性能和燃烧特性却往往差别很大。因此为了安全有效地使用重油，必须掌握有关的使用性能，主要有以下几项。

（1）闪点、燃点、着火点。闪点是指原油及石油产品在标准规定的条件下，加热到所蒸发的气体扩散到空气中与火焰接触后，开始瞬间闪火的最低温度。根据所用的试验杯是开口式还是密闭式的，分为开口和闭口试验法。一般汽油、柴油、煤油等轻质油品用闭口试验法，燃料油、重油及润滑油等重质油品多用开口试验法。闪火只是瞬间的现象，它不会继续燃烧。

燃点指原油及石油产品在标准规定的条件下加热，扩散到空气中的油蒸气在有小火焰存在下着火并能连续燃烧 5s 的开始燃烧时的最低温度，这时的油温叫做油的燃点。

着火点也称自燃点，是指原油及石油产品在标准规定的条件下，蒸发为气体后扩散到空气中自发着火时的最低温度。

闪点、燃点、着火点是使用重油或其他液体燃料时必须掌握的性能指标，因为它关系到用油的安全技术和重油的燃烧条件。例如，储油罐中油的加热温度应严格控制在闪点以下，以防发生火灾。燃烧室（或炉膛）中的温度不应低于油的着火点，否则重油不易着火，更不利于重油的完全燃烧。

油的闪点与油的种类有关。油的比重越小，闪点就越低。液体燃料的闪点是按照国家规定的统一标准用专门仪器测定出来的，并有“开口”闪点（油表面暴露在大气中）和“闭口”闪点（油表面封闭在容器内）之分，通常用开口闪点。重油的开口闪点为 80~130℃，我国目前用的减压渣油的闪点一般都在 250℃ 左右。重油的燃点一般比闪点高 10℃左右。重油的着火点为 500~600℃。

（2）黏度。黏度是表示流体质点之间的摩擦力大小的一个物理指标。黏度的大小对重油的输送和雾化都有很大的影响，所以对重油的黏度应当有一定的要求并保持其稳定。重油的黏度与原油性质及其加工方法有关，所以不同来源和不同牌号的重油所具有的黏度也不一样。此外，重油的黏度随着温度的升高而显著降低。

我国石油多是石蜡基石油，含蜡多，黏度大，所以我国重油的黏度也比较大，凝固点一般都在 30℃以上，因此在常温下大多数重油都处于凝固状态。为了便于输送和燃烧，必须把重油加热，以便降低黏度，提高其流动性和雾化性。

黏度是我国划分重油等级的指标。黏度的测量方法和表示方法很多，常用测量仪器的有旋转黏度计和恩格拉黏度计等，表示黏度的国际单位为 Pa · s。我国工业上常用恩格拉黏度表示重油的黏度，其定义如下式所示：

$$E_t = \frac{t℃\,200\text{mL 油流出时间}}{20℃\,200\text{mL 水流出时间}} \tag{2-1}$$

E_t 代表了 t℃时油的黏度。显然，恩格拉黏度是一个相对黏度，它是与水在 20℃时参数的比值。恩格拉黏度可由恩格拉黏度计进行测量，恩格拉黏度计实验设备如图 2-3 所示。

（3）密度。在生产中，常常要根据油的体积算出它的质量，或者进行相反的换算，这就需要知道重油的密度 ρ，其工程单位是 kg/m^3 或 t/m^3。在常温条件下（20℃），各种重油密度的范围是 $0.92 \sim 0.98\ t/m^3$。

随着温度的上升，重油的密度略有减小，可利用下列公式进行计算：

$$\rho_t = \frac{\rho_{20}}{1 + \beta(t - 20)} \tag{2-2}$$

式中　ρ_t——t℃时的密度；

ρ_{20}——20℃时的密度；

β——体积膨胀系数，$\beta = 0.0025 - 0.002\rho_{20}$。

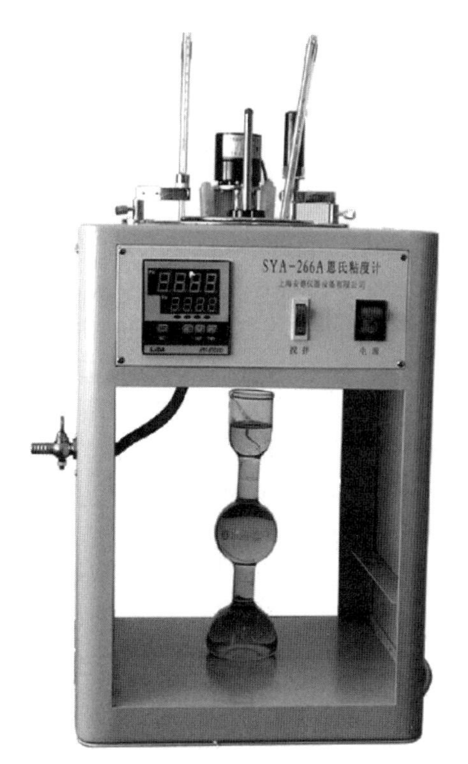

图 2-3　恩格拉黏度计

（4）比热容和导热系数。在计算重油加热过程时，需要知道重油的比热容和导热系数。

重油的比热容和重油的种类有关，并随着温度的升高而略有增加。重油的比热容的计算方法很多，都是一些根据实验数据而得出的经验公式，其中比较适用的是

$$c_t = 4.187(0.416 + 0.0006t) \tag{2-3}$$

式中　t——重油温度，℃；

c_t——t℃时的比热容，kJ/(kg·℃)。

在 20～100℃范围内，重油的平均比热容可近似取 1.30～1.70kJ/(kg·℃)。对黏度较大的重油可取上限。

重油的导热系数 λ 也和重油的种类及其温度有关。在一般工程计算中，可取重油的导热系数 $\lambda = 0.128 \sim 0.163\ W/(m \cdot ℃)$。

（5）发热量。由于重油的主要成分是碳氢化合物而杂质很少，所以重油的发热量很大，其低发热量为 39900～42000kJ/kg。

和固体燃料一样，重油发热量的数值也可以根据元素成分用门捷列夫公式计算，或者用氧弹式热量计直接测定。

（6）含硫量。重油中的硫是一种有害杂质，其影响和煤中的硫是相同的，这里不再重复。根据国家标准规定，供工业炉窑用的重油含硫量不应大于 1%。

（7）残炭。所谓残炭，是把重油在隔离空气的条件下加热时，蒸发出油蒸气后所剩下的一些固体碳素。

对于在工业炉上所使用的液体燃料来说，残炭的存在能提高火焰的黑度，有利于强化火焰的辐射传热能力。但另一方面，残炭产率高的燃料，在燃烧过程中，容易析出大量固体碳粒，它较难以燃烧，此外，当用温度为 300～400℃的过热蒸气或以预热空气做雾化剂时，特别是对某些经常停火的间歇生产的炉子，容易因残炭的析出而造成喷嘴输油导管及

喷嘴出口的结焦，影响喷嘴的正常工作。

我国的重油残炭产率比较高，一般在10%左右，所以应当特别注意燃烧设备的维护和管理。

（8）掺混性。因为重油的性质与原油及其加工方法有关，所以不同来源的重油其化学稳定性也往往不同，也就是说，把不同来源的重油掺混使用时，有时会出现沥青、含蜡物质等固体沉淀物或胶状半凝固体，这样就会造成输送管路的堵塞和停产等严重生产事故。

实践证明，单独用直馏重油配成的燃料油，其化学性质比较稳定，掺混性好，也就是说可以把不同牌号的重油混合使用。

对于裂化重油，在混合使用前必须先做掺混性实验，国外的做法是按照预定比例配成的油料在315℃的温度下加热20h，观察有无固体凝块附着在管壁上。

此外，当改变重油品种，以及用重油管路输送焦油（或者相反）时，为了慎重起见，应当先将输油管路及其全部设备用蒸汽吹洗干净。

3 气体燃料

本章要点

(1) 掌握煤气成分表示方法;

(2) 熟悉煤气发热量计算及常用燃气基本使用性质。

冶金炉及工业炉窑所用的气体燃料主要是高炉煤气、焦炉煤气、发生炉煤气和天然气等。

在各种燃料中，气体燃料的燃烧过程最容易控制，也最容易实现自动调节，此外，气体燃料可以进行高温预热，因此可以用低热值燃料来获得较高的燃烧温度并有利于节约燃料，降低燃耗。

由于以上特点，气体燃料在冶金企业的燃料平衡中一直占有重要地位，对于某些工艺要求比较严格的加热炉和热处理炉（尤其是低温热处理炉），为了便于控制炉温和炉气的化学成分，以保证产品的表面质量，除了电能之外，气体燃料是最理想的燃料。

3.1 单一气体的物理化学性质

任何一种气体燃料都是由一些单一气体混合而成。其中，可燃性的气体成分有 CO、H_2、CH_4和其他气态碳氢化合物以及 H_2S。不可燃的气体成分有 CO_2、N_2和少量的 O_2。除此之外，在气体燃料中还含有水蒸气、焦油蒸气及粉尘等固体微粒。为了更深入地了解各种工业煤气的有关特性，现将组成工业煤气的主要单一气体的物理化学性质说明如下：

(1) 甲烷（CH_4）。甲烷为无色气体，微有葱臭，相对分子质量为 16.04，密度为 0.715 kg/m^3，难溶于水，0℃时 1 体积水内可溶解 0.557 体积 CH_4，20℃时可溶 0.030 体积，临界温度为-82.5℃。低位发热量为 35740kJ/m^3，与空气混合后可引起强烈爆炸，爆炸浓度范围为 2.5%~15%，着火温度为 530~750℃，火焰呈微弱亮火，当空气中甲烷浓度高达 25%~30%时才有毒性。

(2) 乙烷（C_2H_6）。乙烷为无色无臭气体，相对分子质量为 30.07，密度为 1.341kg/m^3，难溶于水，20℃时 1 体积的水可溶 0.0472 体积 C_2H_4，临界温度为-34.5℃，低位发热量为 63670kJ/m^3，空气中的爆炸范围为 2.5%~15%，着火温度为 510~630℃，火焰有微光。

(3) 氢气（H_2）。氢气为无色无臭气体，相对分子质量为 2.016，密度为 0.0899kg/m^3，难溶于水，20℃时 1 体积水中可溶 0.0215 体积 H_2，临界温度为-239.9℃，低位发热量为 10779kJ/m^3，空气中的爆炸范围为 4.0%~80%，着火温度为 510~590℃，空气助燃时火焰传播速度为 267cm/s，较其他气体均高。

（4）一氧化碳（CO）。一氧化碳为无色无臭气体，相对分子质量为28.00，密度为1.250kg/m^3，0℃时1体积水中可溶0.035体积CO，临界温度为-197℃，低位发热量为12630kJ/m^3，在空气中的爆炸范围为12.5%~80%，着火温度为610~658℃，在气体混合物中含有少量的水即可降低其着火温度，火焰呈蓝色，CO毒性极强，空气中含有0.06%即有害于人体，含0.20%时可使人失去知觉，含0.4%时迅速死亡。空气中可允许的CO浓度为0.02g/m^3。

（5）乙烯（C_2H_4）。乙烯为具有窒息性的乙醚气味的无色气体，有麻醉作用，相对分子质量为28.05，密度为1.260kg/m^3，难溶于水，0℃时1体积水中可溶0.266体积C_2H_4，临界温度为9.5℃，低位发热量为58770kJ/m^3，易爆，爆炸范围为2.75%~35%，着火温度为540~547℃，火焰发光，空气中乙烯浓度达到0.1%时对人体有害。

（6）硫化氢（H_2S）。硫化氢为无色气体，具有浓厚的腐蛋气味，相对分子质量为34.07，密度为1.52kg/m^3，易溶于水，0℃时1体积水中可溶解4.7体积的H_2S，低位发热量为23074kJ/m^3，爆炸范围为4.3%~45.5%，着火温度为364℃，火焰呈蓝色，性极毒，室内大气中最大允许浓度为0.01g/m^3，当浓度为0.04%时有害于人体，0.10%可致死亡。

（7）二氧化碳（CO_2）。二氧化碳为略有气味的无色气体，相对分子质量为44.00，密度为1.97kg/m^3，易溶于水，0℃时1体积水中可溶1.713体积CO_2，临界温度为31.35℃，空气中CO_2浓度达25 mg/L对人体即为危险，浓度为162mg/L时，即可致命。

（8）氧气（O_2）。氧气为无色无臭气体，相对分子质量为32.00，密度为1.429kg/m^3，0℃时1体积水中可溶解0.0489体积O_2，临界温度为-118.8℃。

3.2 燃气成分的表示方法

气体燃料的化学组成是用所含各种单一气体的体积分数来表示，当燃气中包含水分在内时，其成分称为湿成分，不包含水分在内的成分称为干成分。

所谓气体燃料的湿成分，指的是包括水蒸气在内的成分，即

$$CO^m + H_2^m + CH_4^m + \cdots + CO_2^m + N_2^m + O_2^m + H_2O^m = 100 \tag{3-1}$$

气体燃料的干成分则不包括水蒸气，即

$$CO^d + H_2^d + CH_4^d + \cdots + CO_2^d + N_2^d + O_2^d = 100 \tag{3-2}$$

气体燃料中所含的水分在常温下都等于该温度下的饱和水蒸气量，当温度变化时，气体中的饱和水蒸气量也随之变化，因而气体燃料的湿成分也将发生变化。为了排除这一影响，所以在一般技术资料中都用气体燃料的干成分来表示其化学组成的情况。

在进行燃烧计算时，则必须用气体燃料的湿成分作为计算的依据，因此应首先根据该温度下的饱和水蒸气含量将干成分换算成湿成分。气体燃料干湿成分的换算关系如下式所示：

$$X^m = \frac{100 - H_2O^m}{100} X^d \tag{3-3}$$

式中，H_2O^m为100m^{3}湿气体中所含水蒸气的体积，m^3。

在上述干湿成分换算时，需要知道水蒸气的湿成分（H_2O^m）。从饱和水蒸气表中可以查到 1m^3 干气体所吸收的水蒸气的质量 $g^d_{H_2O}$g/m^3 气体（附表 5）。根据下式可将其换算成水蒸气的湿成分（H_2O^m）。

$$H_2O^m = \frac{0.00124g^d_{H_2O}}{1 + 0.00124g^d_{H_2O}} \times 100 \tag{3-4}$$

3.3　燃气发热量的计算与测定

气体燃料的发热量可由实验测定（容克式量热计），也可根据其化学成分用下式计算：

$$Q_{gr} = 4.187(3040CO + 3050H_2 + 9530CH_4 + 15250C_2H_4 + \cdots + 6000H_2S)/100 \tag{3-5}$$

$$Q_{net} = 4.187(3040CO + 2580H_2 + 8550CH_4 + 14100C_2H_4 + \cdots + 5520H_2S)/100 \tag{3-6}$$

3.4　常用燃气来源与基本使用性质

常用的燃气主要包括天然气、石油系燃气、煤系燃气及沼气等，各主要燃气的基本使用性能如下。

（1）天然气。我国是发现和利用天然气最早的国家。天然气是一种优质气体燃料，它的产地或在石油产区，或为单纯的天然气田。和石油产在一起的天然气中含有石油蒸气，称为伴生天然气或油性天然气。纯粹气田产的天然气，因不含有石油蒸气，所以称为干天然气。

天然气的主要成分为甲烷，其次为乙烷等饱和碳氢化合物。伴生天然气因含有石油蒸气，故除甲烷外，还含有较多的重碳氢化合物。上述各种碳氢化合物在天然气中的含量在90%以上，因此，天然气的发热量很高，一般为 33440~41800 kJ/m^3或更高。

除了碳氢化合物以外，天然气中还有少量的 CO_2、N_2、H_2S、CO 等。

由气井流出的天然气含有大量矿物杂质和水分，必须经过分离净化后才能由集气站分别送到使用单位。

天然气是一种高热值燃料。但由于天然气中 CH_4含量大，燃烧速度较慢，以及密度小等，因此在燃烧时组织火焰和燃烧技术上必须采用相应的措施，以保证充分发挥天然气的作用。

为了提高天然气火焰的黑度，可以向天然气喷射重油或焦油等液体燃料。也可以设法使天然气中的碳氢化合物发生分解，靠分解出来的游离碳来提高火焰的黑度，叫做火焰的自动增碳，具体方法有：1）将天然气预热，使 CH_4等碳氢化合物发生分解；2）部分燃烧法，即向天然气中通入少量空气，使部分天然气进行燃烧，利用这一部分燃烧热来使其余天然气发生热分解。

天然气除了作为工业燃料外，也是化学工业的宝贵原料，经过调质后也可作为城市煤气。在冶金生产中，天然气可用于轧钢加热炉、热处理炉等。

天然气除可沿管道进行长距离输送外，在不宜铺设管道的地方，或作为生活煤气和动力煤气使用时，还可以进行加压处理使之在常温下变为液体贮于高压筒中，称为液化天然气。

(2) 液化石油气。液化石油气是在炼油厂内，由天然气或者石油进行加压降温液化所得到的一种无色挥发性液体。它极易自燃，当其在空气中的含量达到了一定的浓度范围后，它遇到明火就能爆炸。

经由炼油厂所得到的液化石油气主要组成成分为丙烷、丙烯、丁烷、丁烯中的一种或者两种，而且其还掺杂着少量戊烷、戊烯和微量的硫化物杂质。如果要对液化石油气进行进一步的纯化，可以使用醇胺吸收塔将其中的氧硫化碳进行吸收脱除，最后再用碱洗去多余的硫化物。

液化石油气可以作为燃料，由于其热值高、无烟尘、无炭渣，操作使用方便，已广泛地进入人们的生活领域。此外，液化石油气还用于切割金属，用于农产品的烘烤和工业窑炉的焙烧等。常用民用液化石油气罐如图 3-1 所示。

图 3-1 民用液化石油气罐

(3) 重油裂化气。随着石油工业的发展，用重油造气也得到了发展。重油造气的方法很多，例如热解法和催化裂解法等，它们本质上都是使高分子液体碳氢化合物（原油、重油）在 800~900℃ 温度条件下通过水蒸气的作用发生分解以便得到相对分子质量较小的气态碳氢化合物和氢气、一氧化碳等可燃气体，在热分解过程中，碳氢化合物主要发生以下反应：

1) C—C 链结合链发生断裂，形成相对分子质量较小的碳氢化合物，例如：

$$C_nH_{2n+2} \longrightarrow C_mH_{2m+2} + C_{m'}H_{2m'}(m + m' = n)$$

2) C—H 结合链发生分解放出氢气，例如：

$$C_nH_{2n+2} \longrightarrow C_nH_{2n} + H_2$$

3) 转化反应（异性化）；

4) 结合反应（环化，热聚合）；

5) 上述反应产物还可能与水蒸气发生作用，生成氢气和一氧化碳，该过程叫做蒸气重整，例如：

$$C_nH_{2n+2} + m'H_2O \longrightarrow C_mH_{2m+2} + m'CO + 2m'H_2(m + m' = n)$$

通过上述热解反应所得到的煤气，一般来说，含重碳氢化合物较多，含氢较少。

(4) 高炉煤气。高炉煤气是高炉炼铁过程中所得到的一种副产品，其主要可燃成分是 CO。高炉煤气的化学组成情况及其热工特性与高炉燃料的种类、所炼生铁的品种以及高炉冶炼工艺特点等因素有关（附表 4）。

高炉煤气因含有大量的 N_2 和 CO_2（占 63%~70%），所以它的发热量不大，只有 3762~4180kJ/m^3，当冶炼特殊生铁时，高炉煤气的发热量比冶炼普通炼钢生铁时高 418~630kJ/m^3。

高炉煤气的理论燃烧温度为 1400~1500℃，在许多情况下，必须把空气和煤气预热来提高它的燃烧温度，才能满足用户的要求。

高炉煤气从高炉出来时含有大量的粉尘，为 60~80g/m^3 或更多，必须经过除尘处理，将煤气的含尘量降到下列标准，才能符合使用要求：

蒸气锅炉	0.5g/m^3
平炉、热风炉、加热炉	20~50 mg/m^3
焦炉	10 mg/m^3

高炉是冶金生产中燃料的巨大消费者。高炉燃料的热量约有60%转移到高炉煤气中。由此可见，充分有效地将高炉煤气加以利用，对降低吨钢能耗有重大意义，在冶金生产中，高炉煤气主要用于焦炉，在冶金联合企业中，与焦炉煤气混合后也可用于轧钢加热炉等设备。

由于高炉煤气中含有大量CO，使用中应特别注意防止煤气中毒事故。根据有关资料介绍，大气中一氧化碳的浓度如超过16×10^{-4}%即有中毒危险。

（5）焦炉煤气。焦炉煤气是炼焦生产的副产品。1t煤在炼焦过程中可以得到730~780kg焦炭和300~350m^{3}的焦炉煤气，以及25~45kg焦油。

由焦炉出来的煤气因含有焦油蒸气，所以称焦炉荒煤气。1m^{3}焦炉荒煤气通常含有300~500g水和100~125g焦油，以及其他可作为化工原料的气态化合物。为了回收焦油和各种化工原料气，必须将焦炉荒煤气进行加工处理，使其中的焦油蒸气和水蒸气冷凝下来，并将有关的化工原料收回，然后才送入煤气管网作为燃料使用。

焦炉煤气的可燃成分主要是H_2、CH_4、CO。焦炉煤气中的惰性气体含量很少，N_2和CO_2共8%~16%，因此焦炉煤气的发热量很高，为15890~17140kJ/m^3，是冶金联合企业重要的燃料来源之一，一般多与高炉煤气或发生炉煤气配成发热量为8360kJ/m^{3}左右的混合煤气用于加热炉。

（6）发生炉煤气。所谓发生炉煤气就是将固体燃料在煤气发生炉中进行气化而得到的人造气体燃料。固体燃料的气化是一个热化学过程，即在一定温度条件下借助于某种气化剂的化学作用将固体燃料的可燃质转化为可燃气体的过程。

在工业上根据所用气化剂的不同，可将发生炉煤气分为三种：1）空气发生炉煤气，气化剂为空气；2）水煤气，气化剂为水蒸气；3）混合发生炉煤气，气化剂为空气和水蒸气。实际煤气发生炉外观如图3-2所示。

图3-2 煤气发生炉外观

（7）转炉煤气。转炉炼钢过程中产生大量转炉煤气，每吨钢约产气 $70m^3$，其主要成分是 CO，含量在 45%~65%，发热量为 6270~7530kJ/m^3。

转炉煤气含有高达 60%的 CO，是一种非常理想的化工原料气和燃料气，因此对转炉煤气的综合利用是十分重要的问题，它不仅有极大的经济价值，而且通过将转炉煤气回收和利用，还可以减少环境的污染，防止公害。

20 世纪 60 年代以前，几乎所有的转炉煤气都是用所谓完全燃烧法来处理的，即在炉口处吸入大量的空气将转炉煤气烧掉，为了防止爆炸，空气过剩系数高达 2 以上，甚至达到 5 左右。

1960 年，法国 CAFL 公司和法国钢铁研究院一起创造了一种“未燃法”废气回收系统（即 OG 法），目的是控制炉口处的空气吸入量以防止炉气燃烧，这样可以将转炉煤气的物理热和化学热充分利用下来。未燃法的主要特点是：

1）可以将转炉煤气中的 CO 保留下来，作为燃料或化工原料使用；

2）与传统法相比，所要处理和净化的烟气量减少 2/3~3/4，所要冷却的热总量也相应减少；

3）由于所要处理和冷却的烟气量减少，因此与通常的除尘系统相比，OG 法的金属收得率高 1%左右。

（8）沼气。沼气是各种有机质在一定温度、湿度、酸碱度和厌氧条件下，经各种微生物发酵及分解作用而产生的一种以甲烷为主要成分的可燃混合气体。其主要成分为甲烷，CO 含量低。沼气除直接燃烧用于炊事、烘干农副产品、供暖、照明和气焊等外，还可作内燃机的燃料以及生产甲醇、福尔马林、四氯化碳等化工原料。经沼气装置发酵后排出的料液和沉渣，含有较丰富的营养物质，可用作肥料和饲料。沼气池示意图如图 3-3 所示。

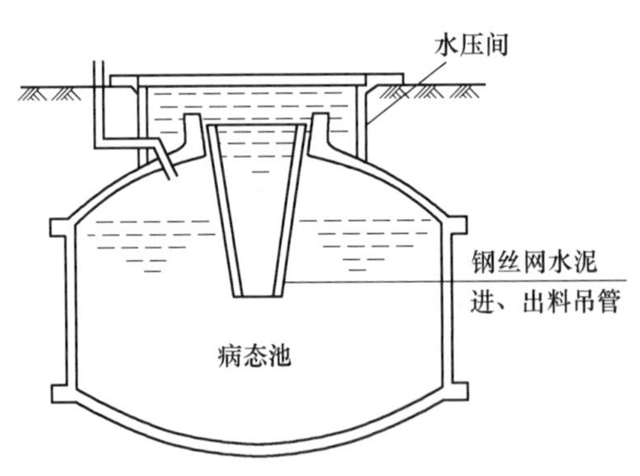

图 3-3　沼气池示意图

4 燃烧反应设计计算

本章要点

(1) 掌握固体、液体及气体燃料完全燃烧时的设计计算；

(2) 掌握不完全燃烧时燃烧产物量的变化规律；

(3) 了解燃烧产物密度计算过程。

燃烧反应计算是按照燃料中的可燃物分子与氧化剂分子进行化学反应的反应式，根据物质平衡和热量平衡的原理，确定燃烧反应的各参数。这些参数主要是：单位数量燃料燃烧所需要的氧化剂（空气或氧气）的数量，燃烧产物的数量，燃烧产物的成分，燃烧温度和燃烧完全程度等。这些参数在热工研究，炉子设计和生产操作中都应当掌握。

燃烧反应的实际进程和反应结果，是与体系的实际热力学条件及动力学条件有关的。在燃烧设计计算中，要对这些条件加以规定或给予假设。以下便是计算条件的几点说明。

燃烧设计计算需知道燃料成分，并且是收到基成分（对固、液体燃料）或湿成分（对气体燃料）；如果原始数据不是这样的成分，则首先要进行必要的成分换算。

燃烧反应的氧化剂，在工业炉中多数是用空气，少数情况下也有用氧气或富氧空气。空气的主要成分是氧气和氮气，还有少量的氩、氙、氖、氪等稀有气体及二氧化碳气体。大气中还含有水蒸气，但燃烧设计计算中将假定空气的组成仅为氧气和氮气。此时假定空气的成分按质量为氧占23.2%，氮占76.8%；按体积为氧占21%，氮占79%。

燃烧反应生成物的成分和数量与反应条件有关。如果可燃物分子可以与按化学反应配平关系所决定的足够量的氧分子相接触而开始化学反应，其结果如下：

$$C + O_2 \longrightarrow CO_2$$

$$H_2 + \frac{1}{2}O_2 \longrightarrow H_2O$$

$$S + O_2 \longrightarrow SO_2$$

即燃料中的碳燃烧生成CO_2，氢生成H_2O，硫生成SO_2。但是，实际上燃料在燃烧室中并不一定都能完成上述反应。例如，当空气量供应不足时，将会有一些可燃物分子不能被充分氧化而生成H_2、CO等。当燃料与氧化剂混合不均匀或在燃烧室中来不及充分混合时，将会有一些可燃物分子未能与氧接触而不发生反应。此外，在高温下某些碳氢化合物和燃烧生成物中的CO_2及H_2O等气体将会发生分解而生成H_2、CO等可燃气体。这样一来，如果燃料和氧化剂是在有限空间的燃烧室（或炉膛）内进行反应，那么燃烧过程终了的产物将包括两部分：一部分是经化学反应的产物（包括充分燃烧的不充分燃烧的、热分解的产物），另一部分是未经化学反应的物质（包括未来得及混合的燃料和过剩空气或过剩的燃料)。燃烧设计计算属于燃烧热力学计算,即不涉及气流混合或扩散速度等动力学问题,而仅就化学反应的平衡状态进行计算。因此,在以下的燃烧计算中,将假定燃料和氧化剂均匀混合,达到分子接触,而燃料数量和氧化剂数量的关系允许不是反应配平的当量关系,即允许燃料过剩和氧化剂过剩。上述两部分产物在计算中都有所涉及,并将笼统地把上述两部分产物一起称为"燃烧产物",虽然第二部分产物并未经过燃烧反应。

根据燃烧产物的组成,可以把燃烧分为完全燃烧和不完全燃烧两大类。所谓完全燃烧,指燃料中的碳、氢、硫均与氧充分反应而生成 CO_2、H_2O 和 SO_2,此时燃烧产物的组成将为 CO_2、H_2O、SO_2、N_2及少许的 O_2,燃烧产物中不含有可燃成分。所谓不完全燃烧,则指还有其他反应物或燃料过剩,致使燃烧产物的组成除有上述气体外,尚有 CO、H_2、CH_4等可燃气体和固体可燃物(如炭黑)。不完全燃烧可分为机械不完全燃烧及化学不完全燃烧两类。

机械不完全燃烧是由机械原因使部分燃料未能燃烧释放能量的燃烧过程。如燃料油雾化不好导致积存在燃烧室器壁上或燃烧中未进行燃烧反应就被烟气带走等。

化学不完全燃烧是燃烧产物中存在尚未燃烧的反应中间产物(如 CO、H_2、CH_4等可燃气体)的燃烧过程。这些中间产物带走了一部分未能释放的化学能。

大多数工业炉都要求完全燃烧,以提高燃料的利用效率,通常的炉子设计计算都是按完全燃烧计算的。但是,实际生产的炉子常有不完全燃烧的情况。少数炉子要求炉膛内为还原性气氛,则将有意识地组织不完全燃烧。

4.1 燃烧设计计算的基本规定

在本章的设计计算中,规定气体的体积均为标准状况下的体积,并且一切气体每千克分子的体积在标准状况下都是 $22.4m^3$,各气体的密度都等于千克分子量除以 $22.4m^3$,即本章中所有计算单位的"m^3"均指标准状况下的 m^3。本章中燃烧计算的基本规定如下:

(1)气体体积均按标准状态下(0℃,101325Pa)的体积进行计算。

(2)认为干空气中氧气与氮气的体积比为 $O_2:N_2=21:79$,质量比为 23.2:76.8。空气的体积是其中氧气体积的 4.76 倍;空气中氮气的体积是氧气体积的 3.76 倍。

(3)当考虑空气中的水蒸气含量时,按使用温度下其饱和水蒸气量进行计算。

(4)燃烧设计计算中,固体燃料和液体燃料的成分按收到基成分计算,气体燃料成分按湿成分计算。

(5)燃烧设计计算中,可先不考虑燃烧产物中 CO_2与 H_2O 的热分解。

(6)燃烧设计计算属于热力学计算范畴,不考虑燃烧过程动力学因素的影响。

燃烧反应设计计算过程主要涉及理论空气需求量、实际空气供给量、理论燃烧产物生成量、实际燃烧产物生成量及空燃比的关系,各项内容的说明如下:

理论空气需求量:完全燃烧单位质量燃料所需的最少空气量,用符号 L_0表示,单位为 m^3/kg 或 m^3/m^3。

实际空气供给量:燃烧单位质量燃料实际供给的空气量,用符号 L_α表示,单位为 m^3/kg 或 m^3/m^3。

理论燃烧产物生成量:完全燃烧单位质量燃料所产生的最少燃烧产物量,用符号 V_0

表示，单位为 m^3/kg 或 m^3/m^3。

实际燃烧产物生成量：燃烧单位质量燃料所产生的实际燃烧产物量，用符号 V_α 表示，单位为 m^3/kg 或 m^3/m^3。

空气消耗系数（excess air）：实际空气供给量与理论空气需求量之比，用符号 α 表示，即：

$$\alpha = \frac{L_\alpha}{L_0} \tag{4-1}$$

4.2 完全燃烧时固体及液体燃料燃烧反应设计计算

燃料燃烧所需要的空气（或氧气）数量和燃烧产物的生成量以及与此有关的燃烧产物成分和密度，都是根据燃烧反应的物质平衡计算的。这些参数有实际用处。例如，为了正确地设计炉子的燃烧装置和鼓风系统，必须知道为保证一定热负荷（燃料消耗量）所应供给的空气量。燃烧产物（或废气）的生成量、成分和密度，是设计排烟系统所必须知道的参数。这些参数与炉内的热交换过程、压力水平也有关系。所以在进行炉子热工计算时或进行热工试验、热工分析中，常要求先进行空气需要量和燃烧产物生成量、成分、密度的计算。

固体及液体燃料通常使用元素的质量分数进行表示，已知燃料成分（质量分数）为下式的情况：

$$w(C) + w(H) + w(O) + w(N) + w(S) + w(A) + w(M) = 100\%$$

按化学反应完全燃烧方程式，其中碳燃烧时为

$$C + O_2 = CO_2$$

数量关系为

$$12 + 32 = 44(kg)$$

或每千克碳需氧量为 $1 + \frac{8}{3} = \frac{11}{3}(kg/kg)$。

氢燃烧时

$$H_2 + \frac{1}{2}O_2 = H_2O$$

数量关系为

$$2 + 16 = 18(kg)$$

每千克氢需氧量为 $1 + 8 = 9(kg/kg)$。

硫燃烧时

$$S + O_2 = SO_2$$

数量关系为

$$32 + 32 = 64(kg)$$

每千克硫需氧量为 $1 + 1 = 2(kg/kg)$。

由此可知，每千克燃料完全燃烧时所需要的氧气量（质量，kg/kg）为

$$G_{0,O_2} = \left(\frac{8}{3}C + 8H + S - O\right) \times \frac{1}{100} \tag{4-2}$$

按标准状况下氧的密度为32/22.4=1.429（kg/m^3）故换算为体积需要量（m^3/kg）为

$$L_{0,O_2} = \frac{1}{1.429}\left(\frac{8}{3}C + 8H + S - O\right) \times \frac{1}{100} \tag{4-3}$$

上述氧气需要量是按照化学反应式的配平系数计算的，而不估计任何其他因素的影响，称“理论氧气需要量”（G_{0,O_2}或L_{0,O_2}）。

如果是在空气中燃烧，将上式除以空气中氧的含量，便得到每1kg燃料完全燃烧时需要的空气量，并称为“理论空气需要量（L_0,m^3/kg）”，计算式为

$$L_0 = (8.89C + 26.66H + 3.33S - 3.33O) \times 10^{-2} \tag{4-4}$$

假设空气消耗系数为α，则实际空气供给量（m^3/kg）计算式如下：

$$L_\alpha = \alpha L_0 = \alpha(8.89C + 26.66H + 3.33S - 3.33O) \times 10^{-2} \tag{4-5}$$

若考虑湿空气（将空气中水分计算在内）时实际空气供给量（m^3/kg）：

$$L_\alpha^{m} = \alpha L_0 + 0.00124 g_{H_2O}^{d} \alpha L_0 = (1 + 0.00124 g_{H_2O}^{d})\alpha L_0 \tag{4-6}$$

燃烧产物的生成量及成分是根据燃烧反应的物质平衡进行计算的。完全燃烧时，单位质量固体及液体燃料燃烧后生成的燃烧产物包括CO_2、SO_2、H_2O、N_2、O_2，其中O_2是当$\alpha>1$时才会有的。燃烧产物的生成量，当$\alpha \neq 1$时称“实际燃烧产物生成量”（V_α），当$\alpha=1$时称“理论燃烧产物生成量”（V_0）。

理论燃烧产物生成量（m^3/kg）计算式如下：

$$V_0 = \left(\frac{C}{12} + \frac{S}{32} + \frac{H}{2} + \frac{M}{18} + \frac{N}{28}\right)\frac{22.4}{100} + \frac{79}{100}L_0 \tag{4-7}$$

实际燃烧产物生成量（m^3/kg）计算式如下：

$$V_\alpha = \left(\frac{C}{12} + \frac{S}{32} + \frac{H}{2} + \frac{M}{18} + \frac{N}{28}\right)\frac{22.4}{100} + \left(\alpha - \frac{21}{100}\right)L_0 = V_0 + (\alpha - 1)L_0 \tag{4-8}$$

若考虑湿空气（将空气中水分计算在内）时实际燃烧产物生产量（m^3/kg）：

$$V_\alpha = \left(\frac{C}{12} + \frac{S}{32} + \frac{H}{2} + \frac{M}{18} + \frac{N}{28}\right)\frac{22.4}{100} + \left(\alpha - \frac{21}{100}\right)L_0 + 0.00124 g_{H_2O}^{d} L_\alpha \tag{4-9}$$

燃烧产物中CO_2、SO_2、H_2O、N_2、O_2所占的体积分数计算式如下：

$$CO_2' = \frac{V_{co_2}}{V_\alpha} \times 100 = \frac{\frac{C_{ar}}{12} \times \frac{22.4}{100}}{V_\alpha} \times 100 \tag{4-10}$$

$$SO_2' = \frac{V_{so_2}}{V_\alpha} \times 100 = \frac{\frac{S_{ar}}{32} \times \frac{22.4}{100}}{V_\alpha} \times 100 \tag{4-11}$$

$$H_2O' = \frac{V_{H_2O}}{V_\alpha} \times 100 = \frac{\left(\frac{H_{ar}}{2} + \frac{M_{ar}}{18}\right) \times \frac{22.4}{100}}{V_\alpha} \times 100 \tag{4-12}$$

$$N_2' = \frac{V_{N_2}}{V_\alpha} \times 100 = \frac{\frac{N_{ar}}{28} \times \frac{22.4}{100} + \frac{79}{100}L_\alpha}{V_\alpha} \times 100 \tag{4-13}$$

$$O_2' = \frac{V_{O_2}}{V_\alpha} \times 100 = \frac{\frac{21}{100}(L_\alpha - L_0)}{V_\alpha} \times 100 \tag{4-14}$$

理论燃烧产物生成量与实际燃烧产物生成量的关系如下所示：

$$V_0 = V_{CO_2} + V_{SO_2} + V_{H_2O} + V_{N_2} \tag{4-15}$$

$$V_\alpha = V_{CO_2} + V_{SO_2} + V_{H_2O} + V_{N_2} + V_{O_2} = V_0 + (\alpha - 1)L_0 \tag{4-16}$$

燃烧产物的成分计算应满足：$CO_2' + SO_2' + H_2O' + N'_2 + O'_2 = 100$。

固体及液体燃料完全燃烧时燃烧反应设计计算总结如表 4-1 所示。

表 4-1 固体及液体燃料完全燃烧设计计算

燃烧反应	空气需求量		产物生成量	
燃料+空气=产物	单位质量（或体积）可燃物	L_0	V_0	V_α
$C + O_2 = CO_2$ 12 + 32 = 44 1 + 8/3 = 11/3	$\frac{8}{3} \times 0.7 \times 4.76 = 8.89$	$8.89 \times C/100$	$\frac{C}{100} \times \frac{11}{3} \times \frac{22.4}{44}$ $= C/100 \times 22.4/12$	$\frac{C}{100} \times \frac{22.4}{12}$
$H_2 + 0.5\,O_2 = H_2O$ 2 + 0.5 × 32 = 18 1 + 8 = 9	$8 \times 0.7 \times 4.76 = 26.66$	$26.66 \times H/100$	$H/100 \times 9 \times 22.4/18$ $= H/100 \times 22.4/2$	$\frac{H}{100} \times \frac{22.4}{2}$
$S + O_2 = SO_2$ 32 + 32 = 64 1 + 1 = 2	$1 \times 0.7 \times 4.76 = 3.33$	$3.33 \times S/100$	$S/100 \times 2 \times 22.4/64$ $= S/100 \times 22.4/32$	$\frac{S}{100} \times \frac{22.4}{32}$
O		$- O/100 \times 1$ $\times 0.7 \times 4.76$		
N			$N/100 \times 22.4/28$	$N/100 \times 22.4/28$
M			$M/100 \times 22.4/18$	$M/100 \times 22.4/18$
O_2			0	$21\%(\alpha - 1)L_0$
N_2			$79\% L_0$	$79\% \alpha L_0$

4.3 完全燃烧时气体燃料燃烧反应设计计算

气体燃料进行燃烧反应设计计算时，其理论空气需求量 L_0、实际空气供给量 L_α、理论燃烧产物生成量 V_0及实际燃烧产物生成量 V_α均与固体及液体燃料计算时含义相同，但均以每立方米燃气为计算单位。

已知燃料成分（体积分数）为

$$CO + H_2 + CH_4 + C_nH_m + H_2S + CO_2 + O_2 + N_2 + H_2O = 100$$

其中各可燃成分的化学反应式为

$$CO + \frac{1}{2}O_2 = CO_2$$

$$H_2 + \frac{1}{2}O_2 = H_2O$$

$$C_nH_m + \left(n + \frac{m}{4}\right)O_2 = nCO_2 + \frac{m}{2}H_2O$$

$$H_2S + \frac{3}{2}O_2 = H_2O + SO_2$$

因各气体的千克分子体积均相等（22.4m^3），知 1m^3CO 燃烧需要 1/2m^3的氧，1m^3的H_2燃烧需氧 1/2m^3；余类推。

故 1m^3煤气完全燃烧的理论氧量（m^3/m^3）为

$$L_{0,o_2} = \left[\frac{1}{2}CO + \frac{1}{2}H_2 + \sum\left(n + \frac{m}{4}\right)C_nH_m + \frac{3}{2}H_2S - O_2\right] \times 10^{-2} \tag{4-17}$$

将上式乘以 $\frac{1}{0.21}(=4.76)$，则得到 1m^3煤气燃烧的理论空气需要量 L_0（m^3/m^3）为

$$L_0 = 4.76\left[\frac{1}{2}CO + \frac{1}{2}H_2 + \sum\left(n + \frac{m}{4}\right)C_nH_m + \frac{3}{2}H_2S - O_2\right] \times 10^{-2} \tag{4-18}$$

假设空气消耗系数为 α，则实际空气供给量（m^3/m^3）为

$$L_\alpha = \alpha L_0 \tag{4-19}$$

若考虑湿空气（将空气中水分计算在内）时实际空气供给量（m^3/m^3）：

$$L_\alpha^m = \alpha L_0 + 0.00124g_{H_2O}^d \alpha L_0 = (1 + 0.00124g_{H_2O}^d)\alpha L_0 \tag{4-20}$$

理论燃烧产物生成量（m^3/m^3）计算式如下：

$$V_0 = \left[CO + H_2 + \sum\left(n + \frac{m}{2}\right)C_nH_m + 2H_2S + CO_2 + N_2 + H_2O\right] \times \frac{1}{100} + \frac{79}{100}L_0 \tag{4-21}$$

实际燃烧产物生成量（m^3/m^3）计算式如下：

$$V_\alpha = \left[CO + H_2 + \sum\left(n + \frac{m}{2}\right)C_nH_m + 2H_2S + CO_2 + N_2 + H_2O\right] \times \frac{1}{100} + \left(\alpha - \frac{21}{100}\right)L_0 \tag{4-22}$$

若考虑湿空气（将空气中水分计算在内）时实际燃烧产物生产量（m^3/m^3）：

$$V_\alpha = \left[CO + H_2 + \sum\left(n + \frac{m}{2}\right)C_nH_m + 2H_2S + CO_2 + N_2 + H_2O\right] \times \frac{1}{100} + \left(\alpha - \frac{21}{100}\right)L_0 + 0.00124g_{H_2O}^d L_\alpha \tag{4-23}$$

燃烧产物中 CO_2、SO_2、H_2O、N_2、O_2的体积计算式如下：

$$V_{CO_2} = \left(CO + \sum nC_nH_m + CO_2\right) \times \frac{1}{100} \tag{4-24}$$

$$V_{SO_2} = H_2S \times \frac{1}{100} \tag{4-25}$$

$$V_{H_2O} = \left(H_2 + \sum \frac{m}{2}C_nH_m + H_2S + H_2O\right) \times \frac{1}{100} \tag{4-26}$$

$$V_{N_2} = N_2 \times \frac{1}{100} + \frac{79}{100}L_\alpha \tag{4-27}$$

$$V_{O_2} = \frac{21}{100}(L_\alpha - L_0) \tag{4-28}$$

各物质的体积分数计算如下：

$$CO_2' = \frac{V_{CO_2}}{V_\alpha} \times 100 \tag{4-29}$$

$$SO_2' = \frac{V_{SO_2}}{V_\alpha} \times 100 \tag{4-30}$$

$$H_2O' = \frac{V_{H_2O}}{V_\alpha} \times 100 \tag{4-31}$$

$$N_2' = \frac{V_{N_2}}{V_\alpha} \times 100 \tag{4-32}$$

$$O_2' = \frac{V_{O_2}}{V_\alpha} \times 100 \tag{4-33}$$

燃烧产物的成分计算应满足：$CO_2' + SO_2' + H_2O' + N_2' + O_2' = 100$。

气体燃料完全燃烧时燃烧反应设计计算总结如表 4-2 所示。

表 4-2 气体燃料完全燃烧设计计算

燃烧反应	空气需求量	产物生成量	
燃料+空气=产物	L_0	V_0	V_α
$CO + 0.5O_2 = CO_2$	$0.5 \times CO \times 4.76/100$	$CO/100$	$CO/100$
$H_2 + 0.5O_2 = H_2O$	$0.5 \times H_2 \times 4.76/100$	$H_2/100$	$H_2/100$
$C_nH_m + \left(n + \frac{m}{4}\right)O_2 = nCO_2 + \frac{m}{2}H_2O$	$\sum\left(n + \frac{m}{4}\right) C_nH_m \times 4.76/100$	$\Sigma(n + m/2)\ C_nH_m/100$	$\Sigma(n + m/2)\ C_nH_m/100$
$H_2S + 1.5O_2 = H_2O + SO_2$	$1.5 \times H_2S \times 4.76/100$	$H_2S \times 2/100$	$H_2S \times 2/100$
N_2		$N_2/100$	$N_2/100$
O_2	$-O_2 \times 4.76/100$		
CO_2		$CO_2/100$	$CO_2/100$
H_2O		$H_2O/100$	$H_2O/100$
O_2		0	$21\%(\alpha - 1)L_0$
N_2		$79\%\ L_0$	$79\%\ \alpha L_0$

4.4 燃烧产物的密度

燃烧产物的密度（ρ）有两种计算方法：一种是用参加反应的物质（燃料与氧化剂）的总质量除以燃烧产物的体积，另一种是以燃烧产物的质量除以燃烧产物的体积。两种方法计算结果是相同的，这是因为反应前后的物质质量是相等的。

按参加反应物质的质量，对于固体和液体燃料，燃烧产物的密度（kg/m^3）按下式计算：

$$\rho = \frac{\left(1 - \frac{A}{100}\right) + 1.293L_\alpha}{V_\alpha} \tag{4-34}$$

对于气体燃料，燃烧产物的密度（kg/m^3）按下式计算：

$$\rho = \frac{\left(\frac{CO}{100} \times \frac{28}{22.4} + \frac{H_2}{100} \times \frac{2}{22.4} + \Sigma \frac{C_nH_m}{100} \times \frac{12n+m}{22.4} + \frac{H_2S}{100} \times \frac{34}{22.4} + \frac{CO_2}{100} \times \frac{44}{22.4} + \cdots\right) + 1.293L_\alpha}{V_\alpha}$$

$$= \frac{(28CO + 2H_2 + \Sigma(12n+m)C_nH_m + 34H_2S + 44CO_2 + 32O_2 + 28N_2 + 18H_2O)\frac{1}{100 \times 22.4} + 1.293L_\alpha}{V_\alpha} \tag{4-35}$$

按燃烧产物质量计算燃烧产物密度（kg/m^3）如下：

$$\rho = \frac{CO_2'}{100} \times \frac{44}{22.4} + \frac{SO_2'}{100} \times \frac{64}{22.4} + \frac{H_2O'}{100} \times \frac{18}{22.4} + \frac{N_2'}{100} \times \frac{28}{22.4} + \frac{O_2'}{100} \times \frac{32}{22.4}$$

$$= \frac{44CO_2' + 64SO_2' + 18H_2O' + 28N_2' + 32O_2'}{100 \times 22.4}$$

$$= \frac{44V_{CO_2} + 64V_{SO_2} + 18V_{H_2O} + 28V_{N_2} + 32V_{O_2}}{22.4V_\alpha} \tag{4-36}$$

4.5 不完全燃烧时燃烧产物量的变化

前已指出，燃料在炉内（或燃烧室内）实际上有时并没有完全燃烧。这方面有两种情况。一种情况是以完全燃烧为目的，但是，由于设备或操作条件的限制，而未能达到完全燃烧。例如，空气供给量不足；空气与燃料在炉内的混合不充分；燃油时雾化不好；燃煤时灰渣中含有碳等情况，都会使燃烧产物中含有可燃气体和烟粒（碳粒），这就造成燃料的浪费。另一种情况则是有意地组织不完全燃烧，以得到炉内的还原性气氛。例如金属的敞焰无氧化加热、热处理用的某些保护气氛的产生等，都是靠采用不完全燃烧技术来实现的。这时就要求严格控制不完全燃烧的燃烧产物的成分。此外，在高温下 CO_2 和 H_2O 等气体分解也会产生 CO、H_2等可燃气体，但在中温或低温炉内其量很小而可忽略不计。由于造成不完全燃烧的原因是各种各样的，所以不完全燃烧的计算要在不同的具体情况下提出问题，然后求解。然而，不是每一种具体情况下提出问题都可以按静力学计算方法分析求解的，有的要实验测定。

在不考虑燃烧产物高温下热分解的情况下，本章将讨论以下三种不完全燃烧的情况，即：

（1）空气消耗系数 $\alpha \geq 1$，混合不好；

（2）空气消耗系数 $\alpha < 1$，混合良好，$O_2' = 0$；

（3）空气消耗系数 $\alpha < 1$，混合不好，$O_2' \neq 0$。

对以上三种情况分别进行讨论，将其燃烧产物量分别与完全燃烧产物量进行比较。假定燃烧产物中有可燃物 CO、H_2和 CH_4存在，三种可燃物在空气中的燃烧反应如下：

$$CO + 0.5O_2 + 1.88N_2 = CO_2 + 1.88N_2 \quad (反应1)$$

$$H_2 + 0.5O_2 + 1.88N_2 = H_2O + 1.88N_2 \quad (反应2)$$

$$CH_4 + 2O_2 + 7.52N_2 = CO_2 + 2H_2O + 7.52N_2 \quad (反应3)$$

该反应式的左边相当于不完全燃烧产物中可燃物组成部分，右边相当于该部分的完全燃烧产物。由该反应式可以看出不完全燃烧产物与完全燃烧产物相比的变化，讨论如下。

（1）空气消耗系数 $\alpha \geq 1$，混合不好。由三种可燃物反应式可知，当燃烧产物中有可燃物和 O_2时（并剩余相应量的 N_2），和完全燃烧时相比，产物的生成量是增加了。三种反应完全燃烧和不完全燃烧产物量对比如表 4-3 所示。

表 4-3 完全燃烧与不完全燃烧产物量对比（$\alpha \geq 1$）

反应	计入产物中水分时体积变化			不计入产物中水分时体积变化		
	不完全燃烧	完全燃烧	差额	不完全燃烧	完全燃烧	差额
1	1 + 0.5 + 1.88	1 + 1.88	0.5	1 + 0.5 + 1.88	1 + 1.88	0.5
2	1 + 0.5 + 1.88	1 + 1.88	0.5	1 + 0.5 + 1.88	1.88	1.5
3	1 + 2 + 7.52	1 + 2 + 7.52	0	1 + 2 + 7.52	1 + 7.52	2

造成产物量增加的原因在于燃料和氧化剂由于混合不好而没有参加反应，实际产物量中包含大量未反应的燃料与氧化剂，该部分气体量大于未反应的燃料完全燃烧后产生的产物量，因此造成不完全燃烧产物量的增加。该种情况下产物量的对比说明如图 4-1 所示。

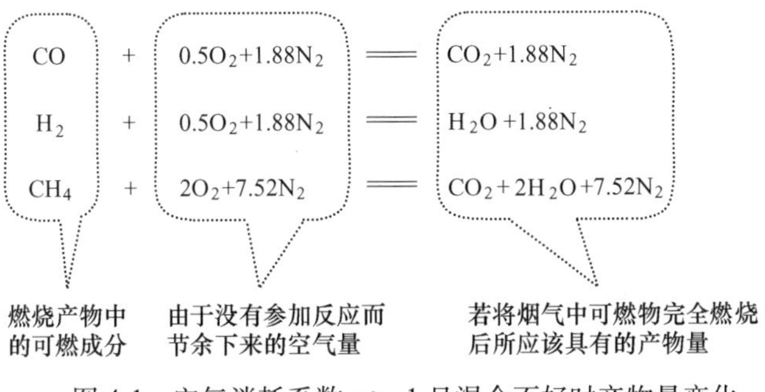

图 4-1 空气消耗系数 $\alpha \geq 1$ 且混合不好时产物量变化

如果以 $V_{\alpha,inc}$表示实际的不完全燃烧产物的生成量，$V_{\alpha,c}$表示如果完全燃烧时的产物生成量，则计入水分时燃烧产物量的变化为

$$V_{\alpha,c}=V_{\alpha,inc}-0.5V_{CO}-0.5V_{H_2}=V_{\alpha,inc}-0.5CO'\times V_{\alpha,inc}\frac{1}{100}-0.5H_2'\times V_{\alpha,inc}\frac{1}{100}$$

$$=V_{\alpha,inc}(100-0.5CO'-0.5H_2')\frac{1}{100}$$

即

$$\frac{V_{\alpha,inc}}{V_{\alpha,c}}=\frac{100}{100-(0.5CO'+0.5H_2')} \tag{4-37}$$

如果只是讨论干燃烧产物生成量（不包括水分在内的燃烧产物生成量）的变化，则由反应式可以看出

$$V_{\alpha,c}^{d}=V_{\alpha,inc}^{d}-0.5V_{CO}-1.5V_{H_2}-2V_{CH_4}=V_{\alpha,inc}^{d}(100-0.5CO'-1.5H_2'-2CH_4')\frac{1}{100}$$

即

$$\frac{V_{\alpha,inc}^{d}}{V_{\alpha,c}^{d}}=\frac{100}{100-(0.5CO'+1.5H_2'+2CH_4')} \tag{4-38}$$

由此可知，在有过剩空气存在的情况下，如果由于混合不充分而发生不完全燃烧的情况，燃烧产物的体积将比完全燃烧时增加。不完全燃烧的程度越严重，燃烧产物的体积增加的就越多。

（2）空气消耗系数 $\alpha<1$，混合良好。由三种可燃物反应式可知，当燃烧产物中有可燃物并且没有 O_2时，和完全燃烧时相比，产物的生成量是减少了。三种反应完全燃烧和不完全燃烧产物量对比如表 4-4 所示。

表 4-4 完全燃烧与不完全燃烧产物量对比（$\alpha<1$）

反应	计入产物中水分时体积变化			不计入产物中水分时体积变化		
	完全燃烧	不完全燃烧	差额	完全燃烧	不完全燃烧	差额
1	1 + 1.88	1	1.88	1 + 1.88	1	1.88
2	1 + 1.88	1	1.88	1.88	1	0.88
3	1 + 2 + 7.52	1	9.52	1 + 7.52	1	7.52

造成产物量增加的原因在于缺少氧化剂从而造成部分燃料没有完全燃烧，实际产物量中包含未反应的燃料，该部分气体量小于未反应的燃料完全燃烧后产生的产物量，因此造成不完全燃烧产物量的减少。该种情况下产物量的对比说明如图 4-2 所示。

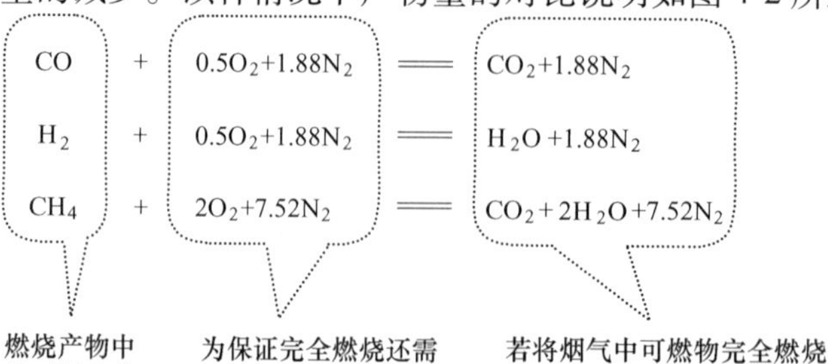

图 4-2 空气消耗系数 $\alpha<1$ 且混合良好时产物量变化

如果以 $V_{\alpha,inc}$ 表示实际的不完全燃烧产物的生成量，$V_{\alpha,c}$ 表示如果完全燃烧时的产物生成量，则计入水分时燃烧产物量的变化为

$$V_{\alpha,c} = V_{\alpha,inc} + 1.88V_{CO} + 1.88V_{H_2} + 9.52V_{CH_4}$$
$$= V_{\alpha,inc}(100 + 1.88CO' + 1.88H_2' + 9.52CH_4') \times \frac{1}{100}$$

即

$$\frac{V_{\alpha,inc}}{V_{\alpha,c}} = \frac{100}{100 + 1.88CO' + 1.88H_2' + 9.52CH_4'} \tag{4-39}$$

如果只是讨论干燃烧产物生成量（不包括水分在内的燃烧产物生成量）的变化，则由反应式可以看出：

$$V_{\alpha,c}^{d} = V_{\alpha,inc}^{d} + 1.88V_{CO} + 0.88V_{H_2} + 7.52V_{CH_4}$$
$$= V_{\alpha,inc}^{d}(100 + 1.88CO' + 0.88H_2' + 7.52CH_4') \times \frac{1}{100}$$

即

$$\frac{V_{\alpha,inc}^{d}}{V_{\alpha,c}^{d}} = \frac{100}{100 + 1.88CO' + 0.88H_2' + 7.52CH_4'} \tag{4-40}$$

由此可以看出，当空气供给不足而又充分均匀混合（燃烧产物中 $O_2' = 0$）的情况下，将会使产物生成量比完全燃烧时有所减少；不完全燃烧程度越严重，生成量将越减少。

（3）空气消耗系数 $\alpha<1$，混合不好。$\alpha<1$ 时也会有另一种情况，即混合并不充分而使产物中仍存在 O_2，即 $O_2' \neq 0$。那么这时为使不完全燃烧产物中的可燃物燃烧，便可少加部分空气，其量为

$$\frac{1}{0.21}V_{O_2} = 4.76V_{O_2}$$

由此可以得到三种反应完全燃烧和不完全燃烧产物量对比如表 4-5 所示。

表 4-5　完全燃烧与不完全燃烧产物量对比（$\alpha<1$，混合良好）

反应	计入产物中水分时体积变化			不计入产物中水分时体积变化		
	完全燃烧	不完全燃烧	差额	完全燃烧	不完全燃烧	差额
1	1 + 1.88	1	1.88	1 + 1.88	1	1.88
2	1 + 1.88	1	1.88	1.88	1	0.88
3	1 + 2 + 7.52	1	9.52	1 + 7.52	1	7.52
剩余氧	0	$4.76V_{O_2}$	$-4.76V_{O_2}$	0	$4.76V_{O_2}$	$-4.76V_{O_2}$

该种情况下产物量变化需要比较由于混合不好造成的产物增加量和由于 $\alpha<1$ 造成的产物减小量的大小，从而最终确定不完全燃烧的产物量。燃烧产物量对比说明如图 4-3 所示。

如果以 $V_{\alpha,inc}$ 表示实际的不完全燃烧产物的生成量，$V_{\alpha,c}$ 表示如果完全燃烧时的产物生成量，则计入水分时燃烧产物量的变化为

$$V_{\alpha,c} = V_{\alpha,inc} + 1.88V_{CO} + 1.88V_{H_2} + 9.52V_{CH_4} - 4.76V_{O_2}$$

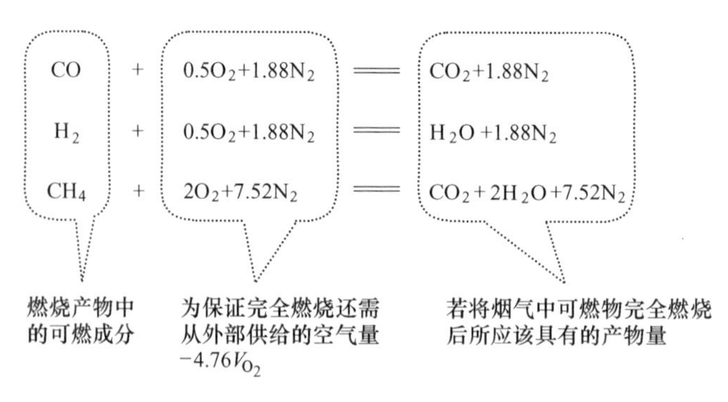

图 4-3 空气消耗系数 α<1 且混合不好时产物量变化

即

$$\frac{V_{\alpha,\mathrm{inc}}}{V_{\alpha,\mathrm{c}}}=\frac{100}{100+1.88CO'+1.88H_2'+9.52CH_4'-4.76O_2'} \tag{4-41}$$

如果只是讨论干燃烧产物生成量（不包括水分在内的燃烧产物生成量）的变化，则由反应式可以看出：

$$\frac{V_{\alpha,\mathrm{inc}}^{\mathrm{d}}}{V_{\alpha,\mathrm{c}}^{\mathrm{d}}}=\frac{100}{100+1.88CO'+0.88H_2'+7.52CH_4'-4.76O_2'} \tag{4-42}$$

将不完全燃烧气体体积（$1.88CO'+1.88H_2'+9.52CH_4'$）与没有参加燃烧反应的氧气（$4.76O_2'$）的体积进行比较，便可知燃烧产物量的变化。

4.6 不完全燃烧时燃烧产物量及产物成分的计算

对于化学不完全燃烧产物量的计算，只能对空气消耗系数 α<1，混合良好，烟气中不存在过剩氧的情况进行计算；而对于混合不好造成的不完全燃烧的情况，只能通过燃烧检测计算来确定。

在已知燃料成分，空气消耗系数以及燃烧反应的平衡温度的条件下，忽略燃气中微量的未燃尽固体碳粒，根据元素的平衡和反应平衡常数，就可计算得到不完全燃烧产物的成分和产物量。不完全燃烧产物的构成：

$$V_{\alpha,\mathrm{inc}}=V_{CO_2}+V_{CO}+V_{H_2O}+V_{H_2}+V_{CH_4}+V_{N_2}$$

$$CO_2'+CO'+H_2O'+H_2'+CH_4'+N_2'=100$$

不完全燃烧产物中有 C、H、O、N 四种元素，可列四个元素平衡方程，但烟气中共有 CO_2、CO、H_2O、H_2、CH_4、N_2六种组分，因此还需要通过两个反应的平衡常数，列出另外两个方程，才能求出烟气中的六种组分。

（1）碳平衡。对于固体和液体燃料：

$$\Sigma C_{\mathrm{fuel}}=\Sigma\{V_{CO_2},\ V_{CO},\ V_{CH_4}\}_{\mathrm{C}} \tag{4-43}$$

$$C\frac{1}{100}=V_{CO_2}\frac{44}{22.4}\times\frac{12}{44}+V_{CO}\frac{28}{22.4}\times\frac{12}{28}+V_{CH_4}\frac{16}{22.4}\times\frac{12}{16} \tag{4-44}$$

$$C\frac{22.4}{12}\times\frac{1}{100}=V_{CO_2}+V_{CO}+V_{CH_4} \tag{4-45}$$

对于气体燃料：

$$\Sigma\{CO,\ CO_2,\ \Sigma C_nH_m\}_C = \Sigma\{CO_2',\ CO',\ CH_4'\}_C \tag{4-46}$$

$$\frac{CO}{100}\times\frac{28}{22.4}\times\frac{12}{28}+\frac{CO_2}{100}\times\frac{44}{22.4}\times\frac{12}{44}+\sum\frac{C_nH_m}{100}\times\frac{12n+m}{22.4}\times\frac{12n}{12n+m}$$

$$=V_{CO_2}\frac{44}{22.4}\times\frac{12}{44}+V_{CO}\frac{28}{22.4}\times\frac{12}{28}+V_{CH_4}\frac{16}{22.4}\times\frac{12}{16} \tag{4-47}$$

$$(CO+CO_2+\Sigma nC_nH_m)\times\frac{1}{100}=V_{CO_2}+V_{CO}+V_{CH_4} \tag{4-48}$$

(2) 氢平衡。

对于固体和液体燃料：

$$\Sigma H_{fuel}=\Sigma\{V_{H_2},\ V_{H_2O},\ V_{CH_4}\}_H \tag{4-49}$$

$$\left(H+M\frac{2}{18}\right)\frac{1}{100}=V_{H_2}\frac{2}{22.4}\times\frac{2}{2}+V_{H_2O}\frac{18}{22.4}\times\frac{2}{18}+V_{CH_4}\frac{16}{22.4}\times\frac{4}{16} \tag{4-50}$$

$$\left(H+\frac{M}{9}\right)\frac{22.4}{2}\times\frac{1}{100}=V_{H_2}+V_{H_2O}+2V_{CH_4} \tag{4-51}$$

对于气体燃料：

$$\Sigma\{H_2,\ \Sigma C_nH_m,\ H_2O\}_H=\Sigma\{\ H_2',\ H_2O',\ CH_4'\}_H \tag{4-52}$$

$$\frac{H_2}{100}\times\frac{2}{22.4}\times\frac{2}{2}+\sum\frac{C_nH_m}{100}\times\frac{12n+m}{22.4}\times\frac{m}{12n+m}+\frac{H_2O}{100}\times\frac{18}{22.4}\times\frac{2}{18} \tag{4-53}$$

$$=V_{H_2}\frac{2}{22.4}\times\frac{2}{2}+V_{H_2O}\frac{18}{22.4}\times\frac{2}{18}+V_{CH_4}\frac{16}{22.4}\times\frac{4}{16}$$

$$\left(H_2+\Sigma\frac{m}{2}C_nH_m+H_2O\right)\frac{1}{100}=V_{H_2}+V_{H_2O}+2V_{CH_4} \tag{4-54}$$

(3) 氧平衡。

对于固体和液体燃料：

$$\Sigma O_{fuel+air}=\Sigma\{V_{CO_2},\ V_{CO},\ V_{H_2O}\}_O \tag{4-55}$$

$$\left(\frac{O}{100}+\frac{M}{100}\times\frac{16}{18}\right)+\frac{32}{22.4}\times\frac{21}{100}\alpha L_0=V_{CO_2}\frac{44}{22.4}\times\frac{32}{44}+V_{CO}\frac{28}{22.4}\times\frac{16}{28}+V_{H_2O}\frac{18}{22.4}\times\frac{16}{18} \tag{4-56}$$

$$\left[\left(\frac{O}{100}+\frac{M}{100}\times\frac{16}{18}\right)+\frac{32}{22.4}\times\frac{21}{100}\alpha L_0\right]\frac{22.4}{32}=V_{CO_2}+\frac{1}{2}V_{CO}+\frac{1}{2}V_{H_2O} \tag{4-57}$$

对于气体燃料：

$$\Sigma\{CO_2,\ CO,\ H_2O,\ O_2\}_O=\Sigma\{CO_2',\ CO',\ H_2O'\}_O \tag{4-58}$$

$$\left(\frac{1}{2}CO+CO_2+O_2+\frac{1}{2}H_2O\right)\times\frac{1}{100}+\frac{21}{100}\alpha L_0=V_{CO_2}+\frac{1}{2}V_{CO}+\frac{1}{2}V_{H_2O} \tag{4-59}$$

(4) 氮平衡。

对于固体和液体燃料：

$$\Sigma N_{fuel+air}=\{V_{N_2}\}_N \tag{4-60}$$

$$\frac{N}{100}+\frac{28}{22.4}\times\frac{79}{100}\alpha L_0=V_{N_2}\frac{28}{22.4} \tag{4-61}$$

$$\left(\frac{N}{100}+\frac{28}{22.4}\times\frac{79}{100}\alpha L_0\right)\frac{22.4}{28}=V_{N_2} \tag{4-62}$$

对于气体燃料：

$$\frac{N_2}{100}+\frac{79}{100}\alpha L_0=V_{N_2} \tag{4-63}$$

（5）水煤气反应平衡常数。

水煤气反应方程式为：$CO + H_2O = CO_2 + H_2$。

用气相分压表示的平衡常数 K_p 与用摩尔分数（也即气体体积分数）表示的平衡常数 K_x 的关系为

$$K_p=\frac{p_{CO_2}p_{H_2}}{p_{CO}p_{H_2O}}=p^{\Delta\nu}K_x=p^{\Delta\nu}\frac{CO_2'\cdot H_2'}{CO'\cdot H_2O'}=p^{\Delta\nu}\frac{V_{CO_2}V_{H_2}}{V_{CO}V_{H_2O}} \tag{4-64}$$

式中，p 为反应系统总压力，Pa；$\Delta\nu$ 为反应前后摩尔数的改变值，对于水煤气反应，该值为 0，所以有

$$K_p=K_x=\frac{CO_2'\cdot H_2'}{CO'\cdot H_2O'}=\frac{V_{CO_2}V_{H_2}}{V_{CO}V_{H_2O}} \tag{4-65}$$

（6）甲烷分解反应平衡常数。

甲烷分解反应方程式为：　　$CH_4 = 2H_2 + C$。

对于甲烷分解反应，$\Delta\nu=1$，所以可得：

$$K_p=\frac{p_{H_2}^2}{p_{CH_4}}=p^{\Delta\nu}K_x=p\times\frac{(H_2')^2}{CH_4'}=p\times\frac{\left(\frac{V_{H_2}}{V_{\alpha,inc}}\right)^2}{\frac{V_{CH_4}}{V_{\alpha,inc}}}=p\times\frac{V_{H_2}^2}{V_{\alpha,inc}V_{CH_4}} \tag{4-66}$$

这样一来，联立求解 6 个方程式，便可求出 CO_2、CO、H_2O、H_2、CH_4、N_2 六种组分的生成量，最终确定燃烧产物生成总量和燃烧产物成分占比。

习　题

下表列出了天然气（NG）的成分。

成分	CH_4	C_2H_6	C_3H_8	H_2	CO	CO_2	N_2
体积分数/%	97.10	0.48	0.06	0.09	0.01	0.31	1.95

计算：（1）其湿组分；（2）理论空气需求量和理论燃烧产物的成分及体积。

5 空气消耗系数及不完全燃烧热损失的检测计算

本章要点

（1）掌握气体分析方程的形式及使用过程；

（2）掌握空气消耗系数检测计算及化学不完全燃烧热损失检测计算。

前述章节是根据燃烧反应的平衡关系来计算反应物和生成物的数量关系。为了判断燃烧室（或炉膛）中实际达到的这种数量关系，以便控制燃烧过程，还必须对正在进行的实际燃烧过程进行检测控制。燃烧过程检测控制的主要内容是燃烧质量的检测，包括空气消耗系数和燃烧完全程度的检测。燃烧完全程度可以用燃烧完全系数和不完全燃烧热损失等指标来表示。不论是人工操作或自动控制，都应当根据对燃烧质量的检测组织燃烧过程，使燃料利用率达到最佳水平。

空气消耗系数及燃烧完全程度的实用检测方法，是对燃烧产物（烟气）的成分进行气体分析，然后按燃料性质和烟气成分反算各项指标。本章介绍空气消耗系数和不完全燃烧热损失的检测计算原理和方法。

5.1 气体分析方程

燃烧产物气体成分的分析是检验燃烧过程的基本手段之一，在进行燃烧过程的检测计算之前，必须先获得准确的燃烧产物成分的实测数据。

测定气体成分的方法是先用一取样装置由燃烧室（或烟道系统中）中规定的位置（称取样点）抽取气体试样，然后用气体分析仪器进行成分的分析。燃烧室或烟道内各点气体成分是不均匀的。因此取样点选择必须适当，力求该处成分具有代表性，或者设置合理分布的多个取样点而求各点成分的平均值。取样过程不允许混入其他气体，也不允许在取样装置中各种气体之间进行化学反应。气体分析器的种类很多，如奥氏气体分析器、气体色层分析仪、光谱分析仪等。总之，要有正确的方法和精密的仪器，才能得到准确的气体成分数据。有关气体分析的知识将在热工测量仪表的相关课程中专门讲授，这里不再细述。

实际检测过程的问题在于，如何判断气体分析的结果是否准确。利用燃烧计算的基本原理，可以建立起燃烧产物各组分之间的关系式。这个关系式称为气体分析方程，可以用来验证气体成分分析的准确性。

设 V_{RO_2} 表示完全燃烧时燃烧产物中 RO_2 的数量（符号 RO_2 表示 CO_2 和 SO_2 之和），

V_0^d 表示干理论燃烧产物生成量，则燃烧产物量为

$$V_\alpha = V_{CO_2} + V_{SO_2} + V_{H_2O} + V_{N_2} + V_{O_2} = V_{RO_2} + V_{H_2O} + V_{N_2} + V_{O_2} \tag{5-1}$$

去除水分后的干燃烧产物量：

$$V_\alpha^d = V_{RO_2} + V_{N_2} + V_{O_2} \tag{5-2}$$

当空气消耗系数 $\alpha=1$，并且完全燃烧时，干燃烧产物量：

$$V_\alpha^d = V_{RO_2} + V_{N_2} \tag{5-3}$$

这时的 $RO_2' = CO_2' + SO_2'$ 有最大理论值：$RO_2' = RO_{2,max}'$。

(1) $RO_{2,max}'$ 与燃料成分之间的关系。燃烧产物中 RO_2 的最大理论含量（干成分，%）为

$$RO_{2,max}' = \frac{V_{RO_2}}{V_0^d} \times 100 = \frac{V_{CO_2} + V_{SO_2}}{V_{RO_2} + V_{N_2}} \times 100 = \frac{V_{CO_2} + V_{SO_2}}{V_{CO_2} + V_{SO_2} + V_{N_2}} \times 100 \tag{5-4}$$

代入燃料成分即可算出上式中的每一项，从而得到 $RO_{2,max}'$，即

$$RO_{2,max}' = \frac{21}{1 + \beta} \tag{5-5}$$

其中，β 只取决于燃料成分，称为燃料特性系数，在空气中燃烧时，其具体表达式为：

对于固体与液体燃料：

$$\beta = 2.37(H - 0.125O + 0.038N)\frac{1}{C + 0.375S} \tag{5-6}$$

对于气体燃料：

$$\beta = \frac{0.79 \times \left[0.5H_2 + 0.5CO + \Sigma\left(n + \frac{m}{4}\right)C_nH_m + 1.5H_2S - O_2\right] + 0.21N_2}{CO + \Sigma nC_nH_m + H_2S + CO_2} - 0.79 \tag{5-7}$$

部分燃料的燃料特性系数及在空气中燃烧的产物特性值如表 5-1 所示。

表 5-1 部分燃料特性及产物特性值

燃 料	$RO_{2,max}'/\%$	β	$P/kJ \cdot m^{-3}$
C	21	0	3831
H_2	0		5736
CO	34.7	-0.395	4375
CH_4	11.7	0.79	4187
天然气（富气）	12.2	0.72	4190
天然气（贫气）	11.8	0.78	4190
焦炉煤气	11.0	0.90	4630
烟煤发生炉煤气	19.0	0.10	3250
无烟煤发生炉煤气	20	0.05	3100
高炉煤气	25	-0.16	2510
重油	16	0.31	4080

续表 5-1

燃　料	$RO'_{2,\max}/\%$	β	$P/\mathrm{kJ\cdot m^{-3}}$
烟煤	18 ~ 19	0.167 ~ 0.105	3810 ~ 3940
无烟煤	20.2	0.04	3830

（2）$RO'_{2,\max}$ 与实际燃烧产物成分之间的关系。计算 β 值后，即可计算 $RO'_{2,\max}$ 值。另外，还可建立起 $RO'_{2,\max}$ 与实际燃烧产物成分之间的关系。

当完全燃烧时，可以写出（不计空气中的水分）：

$$V_{\alpha}^{\mathrm{d}} = V_0^{\mathrm{d}} + (L_{\alpha} - L_0) \tag{5-8}$$

如果是不完全燃烧，则因为燃烧产物生成量将发生变化，应对于燃烧产物量加以修正。本章以 $\alpha>1$ 且混合不好的情况为例，完全燃烧与不完全燃烧生成量之间的关系为

$$\frac{V_{\alpha,\mathrm{inc}}^{\mathrm{d}}}{V_{\alpha,\mathrm{c}}^{\mathrm{d}}} = \frac{100}{100 - (0.5CO' + 1.5H_2' + 2CH_4')} = \frac{V_{\alpha,\mathrm{p}}^{\mathrm{d}}}{V_0^{\mathrm{d}} + (L_{\alpha} - L_0)}$$

即

$$V_{\alpha,\mathrm{p}}^{\mathrm{d}}(100 - 0.5CO' - 1.5H_2' - 2CH_4')\frac{1}{100} = V_0^{\mathrm{d}} + (L_{\alpha} - L_0) \tag{5-9}$$

$$V_0^{\mathrm{d}} = V_{\alpha,\mathrm{p}}^{\mathrm{d}} - V_{\alpha,\mathrm{p}}^{\mathrm{d}}(0.5CO' + 1.5H_2' + 2CH_4')\frac{1}{100} - (L_{\alpha} - L_0) \tag{5-10}$$

该式中的 $(L_{\alpha} - L_0)$ 为过剩空气量。燃烧产物所含的氧气（空气）量包括两部分，一部分是因 $\alpha>1$ 而过剩的，另一部分是因不完全燃烧未能参加反应而“节省”下来的，则烟气中的氧为

$$O_2' = (0.5CO' + 0.5H_2' + 2CH_4') + O'_{2,\Delta}$$

因此：

$$L_{\alpha} - L_0 = 4.76O'_{2,\Delta}\frac{1}{100}V_{\alpha,\mathrm{p}}^{\mathrm{d}} = 4.76 \times (O_2' - 0.5CO' - 0.5H_2' - 2CH_4')\frac{1}{100}V_{\alpha,\mathrm{p}}^{\mathrm{d}}$$

$$\begin{aligned} V_0^{\mathrm{d}} &= V_{\alpha,\mathrm{p}}^{\mathrm{d}}(100 - 0.5CO' - 1.5H_2' - 2CH_4')\frac{1}{100} - 4.76 \times \\ &\quad (O_2' - 0.5CO' - 0.5H_2' - 2CH_4')\frac{1}{100}V_{\alpha,\mathrm{p}}^{\mathrm{d}} \\ &= V_{\alpha,\mathrm{p}}^{\mathrm{d}} - V_{\alpha,\mathrm{p}}^{\mathrm{d}}(0.5CO' + 1.5H_2' + 2CH_4')\frac{1}{100} - 4.76 \times (O_2' - 0.5CO' - \\ &\quad 0.5H_2' - 2CH_4')\frac{1}{100}V_{\alpha,\mathrm{p}}^{\mathrm{d}} \\ &= V_{\alpha,\mathrm{p}}^{\mathrm{d}}(100 - 4.76O_2' + 1.88CO' + 0.88H_2' + 7.52CH_4')\frac{1}{100} \end{aligned} \tag{5-11}$$

当 $\alpha<1$ 时，可得同样结果，只是烟气中的氧仅为没有参加反应的氧。由以上的内容可得 $RO'_{2,\max}$ 与燃烧产物的关系：

$$\frac{V_{\mathrm{RO_2}}}{V_{\alpha,\mathrm{p}}^{\mathrm{d}}} = (RO_2' + CO' + CH_4')\frac{1}{100}$$

即

$$V_{RO_2} = V_{\alpha,p}^{d}(RO_2' + CO' + CH_4')\frac{1}{100} \tag{5-12}$$

$$V_0^{d} = V_{\alpha,p}^{d}(100 - 4.76O_2' + 1.88CO' + 0.88H_2' + 7.52CH_4')\frac{1}{100} \tag{5-13}$$

$$RO'_{2,max} = \frac{V_{RO_2}}{V_0^{d}} \times 100 = \frac{(RO_2' + CO' + CH_4') \times 100}{100 - 4.76O_2' + 1.88CO' + 0.88H_2' + 7.52CH_4'} \tag{5-14}$$

（3）气体分析方程的推导。将 $RO'_{2,max}$ 与燃料成分之间的关系及 $RO'_{2,max}$ 与燃烧产物成分之间的关系联系起来，就可得到燃料成分与某种燃烧状态下燃烧产物成分之间的关系，即所谓气体分析方程。

$$\frac{(RO_2' + CO' + CH_4') \times 100}{100 - 4.76O_2' + 1.88CO' + 0.88H_2' + 7.52CH_4'} = \frac{21}{1+\beta}$$

整理后：

$$(1+\beta)RO_2' + (0.605+\beta)CO' + O_2' - 0.185H_2' - (0.58-\beta)CH_4' = 21 \tag{5-15}$$

如果烟气中 H_2' 及 CH_4' 很少，可以忽略不计时，气体分析方程为

$$(1+\beta)RO_2' + (0.605+\beta)CO' + O_2' = 21 \tag{5-16}$$

如果完全燃烧，$CO' = 0$，则气体分析方程可简化为

$$(1+\beta)RO_2' + O_2' = 21 \tag{5-17}$$

气体分析方程的主要作用如下：

1）验证烟气分析的准确性。将所测烟气成分代入气体分析方程，若能满足方程，说明所测值是准确的；否则，实测值有误差，应检查气体测试方法是否正确以及仪器是否准确。

2）在已核实气体分析结果是准确的条件下，可用气体分析方程计算某一未知成分。

5.2　空气消耗系数的检测计算

由前面的有关计算和讨论可以看到，空气消耗系数 α 值对燃烧过程有很大的影响，是燃烧过程的一个重要指标。

在设计炉子时，α 值是根据经验选取的。例如，对于要求燃料完全燃烧的炉子，α 值可以参考经验选取。对于要求不完全燃烧的炉子，α 值则根据工艺要求而定。

对于正在生产的炉子，炉内实际的 α 值由于炉子吸气和漏气的影响，需要按烟气成分计算。按烟气成分计算空气消耗系数的方法很多，下面介绍的是比较成熟的两种计算方法。

（1）氧平衡法。由空气消耗系数的定义可得

$$\alpha = \frac{L_\alpha}{L_0} = \frac{L_{\alpha,O_2}}{L_{0,O_2}} = \frac{L_{0,O_2} + L_{\Delta,O_2}}{L_{0,O_2}} \tag{5-18}$$

其中，L_{Δ,O_2} 为过剩的氧量。即

$$L_{\Delta,O_2} = O_2' \cdot V_\alpha \frac{1}{100} \tag{5-19}$$

在完全燃烧情况下，由氧平衡原理，在完全燃烧时理论耗氧量全部消耗在产物中的 RO_2'及 H_2O'上，即

$$L_{0,O_2} = aV_{RO_2} + bV_{H_2O} \tag{5-20}$$

式中，a 和 b 分别为产物中生成 $1m^3$ RO_2'及 $1m^3$ H_2O'所消耗的氧量，可根据燃料成分计算得到。

由于 $V_{RO_2} = \frac{RO_2' \cdot V_\alpha}{100}$，$V_{H_2O} = \frac{H_2O' \cdot V_\alpha}{100}$，所以，有

$$\alpha = \frac{L_{0,O_2} + L_{\Delta,O_2}}{L_{0,O_2}} = \frac{aV_{RO_2} + bV_{H_2O} + O_2'\% \cdot V_\alpha}{aV_{RO_2} + bV_{H_2O}} = \frac{aRO_2' + bH_2O' + O_2'}{aRO_2' + bH_2O'} \tag{5-21}$$

令

$$K = \frac{L_{0,O_2}}{V_{RO_2}} = \frac{aRO_2' + bH_2O'}{RO_2'}$$

K 表示理论需氧量与燃烧产物中 RO_2' 量之比值，可根据燃料成分计算求得。对于燃料成分波动不大的同一类燃料，K 值可近似取为常数。这时，空气消耗系数 α 为:

$$\alpha = \frac{O_2' + K \cdot RO_2'}{K \cdot RO_2'} \tag{5-22}$$

K 值可根据燃料成分求得。计算表明，对于成分波动不大的同一燃料，K 值可近似取为常数。各种燃料的 K 值见表 5-2。

表 5-2　部分燃料中的值 *K*

燃料	K	燃料	K
甲烷	2.0	碳	1.0
一氧化碳	0.5	焦炭	1.05
焦炉煤气	2.28	无烟煤	1.05~1.10
高炉煤气	0.41	贫煤	1.12~1.13
天然煤气	2.0	气煤	1.14~1.16
烟煤发生炉煤气	0.75	长焰煤	1.14~1.15
无烟煤发生炉煤气	0.64	褐煤	1.05~1.06
重油	1.35	泥煤	1.09

当燃料不完全燃烧时，燃烧产物中还有 CO 、H_2、CH_4 等可燃气体存在，这时需要对完全燃烧时得到公式加以修正。公式中的氧量应减去这些可燃气体如果燃烧时将消耗掉的氧，RO_2' 量应包括这些可燃气体如果燃烧时将生成的 RO_2。则不完全燃烧时的计算式为:

$$\alpha = \frac{[O_2' - (0.5CO' + 0.5H_2' + 2CH_4')] + K(RO_2' + CO' + CH_4')}{K(RO_2' + CO' + CH_4')} \tag{5-23}$$

上述计算方法比较简便，而且对于在空气中燃烧，在富氧空气或纯氧中燃烧均适用。

（2）氮平衡法。采用氮平衡法同样可以根据燃烧产物计算得到空气消耗系数 α。计算过程可以按照如下公式进行:

$$\alpha = \frac{L_\alpha}{L_0} = \frac{\dfrac{L_\alpha}{L_\alpha}}{\dfrac{L_0 + L_\Delta - L_\Delta}{L_\alpha}} = \frac{1}{1 - \dfrac{L_\Delta}{L_\alpha}} \tag{5-24}$$

式中，$L_\Delta = L_\alpha - L_0$ 为过剩空气量。现在来寻找 L_Δ 和 L_α 与烟气成分的关系。根据燃烧前后氮平衡，有

$$\frac{79}{100}L_\alpha + \{N_{fuel}\} = V_{N_2} = N_2' V_\alpha^d \times \frac{1}{100} \tag{5-25}$$

式中，$\{N_{fuel}\}$ 为燃料中氮的体积。

对于气体燃料：$\{N_{fuel}\} = \dfrac{N_2}{100}$。

对于固体和液体燃料：$\{N_{fuel}\} = \dfrac{N}{100} \times \dfrac{22.4}{28}$。

所以

$$L_\alpha = \frac{N_2' V_\alpha^d - 100\{N_{fuel}\}}{79} \tag{5-26}$$

$$L_\Delta = L_\alpha - L_0 = 4.76 \times (O_2' - 0.5CO' - 0.5H_2' - 2CH_4')\frac{1}{100}V_\alpha^d \tag{5-27}$$

由于

$$V_{RO_2} = V_\alpha^d (RO_2' + CO' + CH_4')\frac{1}{100} \tag{5-28}$$

因此

$$V_\alpha^d = \frac{100 \times V_{RO_2}}{RO_2' + CO' + CH_4'} \tag{5-29}$$

将以上各项代入空气消耗系数的表达式，经整理后得

$$\alpha = \frac{1}{1 - \dfrac{79}{21} \times \dfrac{O_2' - 0.5CO' - 0.5H_2' - 2CH_4'}{N_2' - \dfrac{\{N_{fuel}\}、(RO_2' + CO' + CH_4')}{V_{RO_2}}}} \tag{5-30}$$

该式便可用来计算在空气中燃烧时的空气消耗系数。该式在某些特定条件下可以简化。对于含氮量很少的燃料（固体燃料、液体燃料、天然煤气、焦炉煤气等），燃料中的氮可忽略不计，即

$$\alpha = \frac{1}{1 - \dfrac{79}{21} \times \dfrac{O_2' - 0.5CO' - 0.5H_2' - 2CH_4'}{N_2'}} \tag{5-31}$$

若是完全燃烧，烟气中无可燃成分，则

$$\alpha = \frac{1}{1 - \dfrac{79}{21} \times \dfrac{O_2'}{N_2'}} \tag{5-32}$$

对于含 H_2 量很小的燃料，如焦炭，无烟煤等，计算可知，$N_2' \approx 79$，则氮平衡公式可简化为

$$\alpha = \frac{21}{21 - O_2'} = \frac{\dfrac{21}{1+\beta}}{\dfrac{21 - O_2'}{1+\beta}} = \frac{RO'_{2,\max}}{RO_2'} \tag{5-33}$$

以上公式仅包含烟气成分，便于应用。但要注意它们各自的应用条件，不然会造成较大的计算误差。

5.3 化学不完全燃烧热损失的检测计算

当燃烧室（或炉膛）中有不完全燃烧时，烟气中含有可燃成分而损失的一部分化学热称不完全燃烧热损失。不完全燃烧热损失的数值反映燃烧过程的质量水平，也是炉子热平衡的一项内容，可影响炉子的燃料利用效率。

化学不完全燃烧热损失定义为单位质量或体积的燃料燃烧后，干产物中所存在的可燃物含有的化学热占燃料发热量的百分比，即

$$q_{\text{inc}} = \frac{V_\alpha^{\text{d}} \times Q_{\text{pc}}}{Q_{\text{net}}} \times 100\% \tag{5-34}$$

式中，Q_{pc}为干燃烧产物的化学热，kJ/m^3，可按干燃烧产物的成分计算求得。设燃烧产物中的可燃成分为 CO、H_2及 CH_4，则

$$Q_{\text{pc}} = 126CO' + 108H_2' + 358CH_4'$$

所以

$$q_{\text{inc}} = \frac{V_\alpha^{\text{d}}}{Q_{\text{net}}}(126CO' + 108H_2' + 358CH_4') \times 100\% \tag{5-35}$$

以上计算式中还包含有燃料的实际干燃烧产物量，计算比较困难。因此要对该式做一些处理，使计算式中只含有燃料的一些特性值和烟气成分，这样便于计算。此处定义 P 为燃料的低位发热量与干燃烧产物量之比，是燃料的特性值之一。定义 h 为实际干烟气量与理论干烟气量之比，称为烟气冲淡系数，其值可根据烟气成分计算得到。P 和 h 的计算式如下：

$$P = \frac{Q_{\text{net}}}{V_0^{\text{d}}} \tag{5-36}$$

$$h = \frac{V_\alpha^{\text{d}}}{V_0^{\text{d}}} \tag{5-37}$$

由于

$$V_0^{\text{d}} \times RO'_{2,\max} = V_\alpha^{\text{d}}(RO_2' + CO' + CH_4')$$

可得

$$h = \frac{V_\alpha^{\text{d}}}{V_0^{\text{d}}} = \frac{RO'_{2,\max}}{RO_2' + CO' + CH_4'} \tag{5-38}$$

将 P 和 h 代入化学不完全燃烧的计算式后，可得

$$q_{inc} = \frac{RO'_{2,max}}{P} \times \frac{126CO' + 108H'_2 + 358CH'_4}{RO'_2 + CO' + CH'_4} \times 100\% \tag{5-39}$$

以上便是燃烧计算的基本原理和方法。这里所选取的内容都是属于基础性的，是初学者应深入理解和掌握的。在燃烧计算方面，还有许多近似方法或经验公式，有许多计算图表，这里都未介绍。不仅是受篇幅的限制，而且是考虑到只要懂得了本篇所介绍的基本原理及方法，便可以领会以至于发展其他的计算方法。

习　题

高炉煤气成分和烟气分析结果见下表。

高炉煤气成分	CO_2	CO	CH_4	H_2	N_2	H_2O
体积分数/%	10.41	29.27	0.26	1.61	56.15	2.30
烟气成分	RO'_2	CO'	O'_2	N'_2		
体积分数/%	14.0	1.2	9.0	75.8		

计算空气消耗系数 α（分别使用氧气平衡和氮气平衡方法）。

6 燃烧温度计算

本章要点

(1) 掌握各种燃烧温度的定义及计算式;

(2) 了解理论发热温度、理论燃烧温度的近似计算方法。

工业炉多在高温下工作，炉内温度的高低是保证炉子工作的重要条件，而决定炉内温度的最基本因素是燃料燃烧时燃烧产物达到的温度，即所谓燃烧温度。在实际条件下的燃烧温度与燃料种类、燃料成分、燃烧条件和传热条件等各方面的因素有关，并且归纳起来，将取决于燃烧过程中热量收入和热量支出的平衡关系。所以从分析燃烧过程的热量平衡，可以找出估计燃烧温度的方法和提高燃烧温度的措施。

6.1 几种燃烧温度的定义

燃烧温度的计算可由燃烧过程的能量平衡计算得到，燃烧过程中能量平衡项目如图6-1所示（各项均按每千克或每立方米燃料计算）。

图 6-1 能量平衡项目

属于能量的收入（热收入项）有燃料的化学热、空气带入的物理热、燃料带入的物理热。属于能量的支出（热支出项）有燃烧产物含有的物理热、由燃烧产物传给周围物体的热量、由于燃烧条件而造成的不完全燃烧热损失及燃烧产物中某些气体在高温下热分解反应消耗的热量。各热量的计算公式如表6-1所示。

表 6-1 热量平衡表

热收入项			热支出项		
1	燃料的化学热	Q_{net}	1	产物具有的物理热	$Q_p = V_a c_p t_p$
2	燃料带入的物理热	$Q_f = c_{p,f} t_f$	2	产物对环境的传热	Q_h
3	空气带入的物理热	$Q_a = L_a c_{p,a} t_a$	3	不完全燃烧热损失	Q_{inc}
			4	燃烧产物的分解热	Q_{pyro}

根据热量平衡原理，当热量收入与支出相等时，燃烧产物达到一个相对稳定的燃烧温度。列热平衡方程式如下：

$$Q_{net} + Q_f + Q_a = Q_p + Q_h + Q_{inc} + Q_{pyro}$$

通过热平衡公式可以得到实际燃烧温度计算公式如下：

$$t_p = \frac{Q_{net} + Q_f + Q_a - Q_h - Q_{inc} - Q_{pyro}}{V_\alpha c_p} \tag{6-1}$$

式中，t_p称为实际燃烧温度，是在实际热工设备的工作条件下燃烧产物所能达到的温度；c_p为产物的平均比热容。

实际的炉温 t_f要根据具体炉型再乘一个炉温系数（或称高温系数）η_f。

$$t_f = \eta_f t_p \tag{6-2}$$

若在绝热系统中进行完全燃烧，燃烧产物对环境的传热以及化学不完全燃烧热损失均为 0，即 $Q_h = 0$，$Q_{inc} = 0$，那么这时的燃烧温度称为理论燃烧温度，用 t_{tc}表示：

$$t_{tc} = \frac{Q_{net} + Q_f + Q_a - Q_{pyro}}{V_\alpha c_p} \tag{6-3}$$

理论燃烧温度表明，某一燃料在某一燃烧条件下所能达到的最高温度。它是燃料燃烧过程的一个重要指标，也是热工设计的一个重要参数，对燃料和燃烧条件的选择、温度制度和炉温水平的估计及热交换计算方面，都有实际意义。

若空气与燃料均不预热，即 $Q_a = Q_f = 0$，并且空气消耗系数 $\alpha = 1$，不考虑分解热，这时的燃烧温度称为理论发热温度或发热温度，用下式表示：

$$t_{th} = \frac{Q_{net}}{V_0 c_p} \tag{6-4}$$

从理论发热温度的表达式可以看出，它与燃烧方法、燃烧条件以及环境因素均无关，仅与燃料本身成分有关。因此，理论发热温度是一个从燃烧的角度来评价燃料性能的重要指标。

6.2 理论发热温度的计算

理论发热温度的定义式如下：

$$t_{th} = \frac{Q_{net}}{V_0 c_p}$$

从理论发热温度的表达式可以看出，在已知燃料成分的条件下可以计算出燃料的低位发热量 Q_{net}和理论燃烧产物量 V_0，但产物的平均比热容 c_p与所求的理论发热温度有关，这样使得直接计算变得比较困难。燃烧产物的平均比热容为：

$$c_p = \sum \frac{V_i}{V_0} \times c_{p,i} = \frac{V_{CO_2}}{V_0} \times c_{p,CO_2} + \frac{V_{H_2O}}{V_0} \times c_{p,H_2O} + \frac{V_{N_2}}{V_0} \times c_{p,N_2}$$

$$= (CO_2' \times c_{p,CO_2} + H_2O' \times c_{p,H_2O} + N_2' \times c_{p,N_2}) \frac{1}{100} \tag{6-5}$$

其中的烟气成分 CO_2'、H_2O'和 N_2'可以根据燃料成分计算出来，但各种气体的平均比热容是从0℃到所求温度 t_{th}的平均比热容，而 t_{th}目前还是未知数。以下介绍三种方法来近似计算理论发热温度。

（1）求解方程法。各气体的平均比热容与温度的关系可近似地表示为如下函数形式

$$c_p = \sum \frac{V_i}{V_0} \times c_{p,i} = \sum \frac{V_i}{V_0}(A_{1i} + A_{2i}t + A_{3i}t^2) \tag{6-6}$$

按 $t = t_{th}$ 来计算燃烧产物的平均比热容，根据理论发热温度的定义，有：

$$t_{th} = \frac{Q_{net}}{V_0 c_p} = \frac{Q_{net}}{V_0 \sum \frac{V_i}{V_0} c_{p,i}} = \frac{Q_{net}}{\sum V_i A_{1i} + \sum V_i A_{2i} t_{th} + \sum V_i A_{3i} t_{th}^2} \tag{6-7}$$

即

$$\sum V_i A_{3i} t_{th}^3 + \sum V_i A_{2i} t_{th}^2 + \sum V_i A_{1i} t_{th} - Q_{net} = 0 \tag{6-8}$$

其中：

$$\sum V_i A_{1i} = V_{CO_2} A_{1CO_2} + V_{H_2O} A_{1H_2O} + V_{N_2} A_{1N_2}$$

$$\sum V_i A_{2i} = V_{CO_2} A_{2CO_2} + V_{H_2O} A_{2H_2O} + V_{N_2} A_{2N_2}$$

$$\sum V_i A_{3i} = V_{CO_2} A_{3CO_2} + V_{H_2O} A_{3H_2O} + V_{N_2} A_{3N_2}$$

各气体的 A_1、A_2、A_3 值可参考表 6-2。

表 6-2　各气体的 A_1、A_2、A_3 值

气体名称	A_1	A_2	A_3
CO_2	1.6584	77.041×10^{-5}	21.215×10^{-8}
H_2O	1.4725	29.899×10^{-5}	3.010×10^{-8}
N_2	1.2657	15.037×10^{-5}	2.135×10^{-8}
O_2	1.3327	13.151×10^{-5}	1.114×10^{-8}
CO	1.2950	11.221×10^{-5}	
H_2	1.2933	2.039×10^{-5}	1.738×10^{-8}

（2）内插值近似法。在比较小的温度范围内，比热容与温度的关系可以近似看成是线性关系。这样在估计的理论发热温度附近两侧取温度值，分别算出烟气热焓值，然后利用内插值法算出理论发热温度。

将理论发热温度修改为以下形式：

$$t_{th} c_P = \frac{Q_{net}}{V_0} \tag{6-9}$$

或

$$i = \frac{Q_{net}}{V_0} \tag{6-10}$$

式中，i 为在某温度下燃烧产物的热焓量，它与温度的关系和比热容一样，在较小的温度变化范围内，近似地为线性关系。

已知 Q_{net} 和 V_0，可求出一个 i 值，然后根据 i 值求温度。步骤如下：

1）先假设一个温度 t'，在该温度下可由各气体的平均比热容计算该温度下的燃烧产物的热焓量 i'，此时，若 $i' = i$，则认为 $t' = t_{th}$。但通常 $i' \neq i$，例如 $i' < i$，则修正假设的温度。

2）再假设一个温度 t''，在此温度下计算出 i''，此时，会使 $i''>i$。

3）参考图 6-2，由于 $i'<i<i''$，所以判断 $t'<t_{\rm th}<t''$。此时由三角函数关系即可计算得到理论发热温度如下：

$$t_{\rm th}=\frac{(t''-t')(i-i')}{i''-i'}+t' \tag{6-11}$$

内插值法的计算流程如图 6-3 所示。

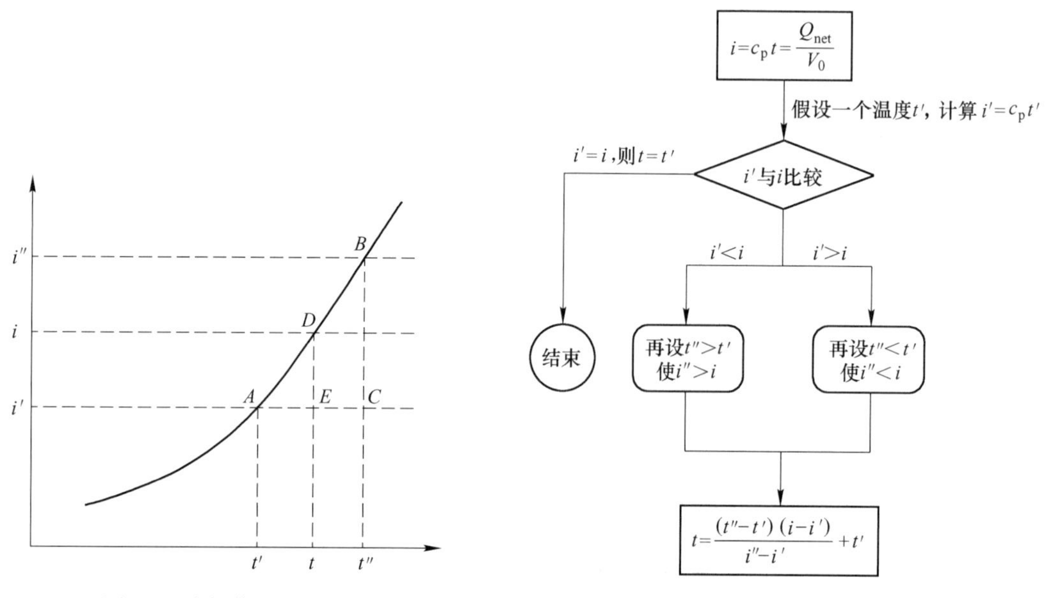

图 6-2　内插值法示意图

图 6-3　内插值法计算流程

（3）比热容近似法。上面讲到各气体的平均比热容受温度的影响。但是，燃烧产物的平均比热容受温度的影响却不十分显著，特别是当用空气做助燃剂的时候。图 6-4 表示几种单一气体和 C 在空气中燃烧时燃烧产物的平均比热容与温度的关系。由图可以看出，CO_2和 H_2O 的比热容随温度升高而明显增加，而 N_2则不明显。C 和 H_2的燃烧产物的比热

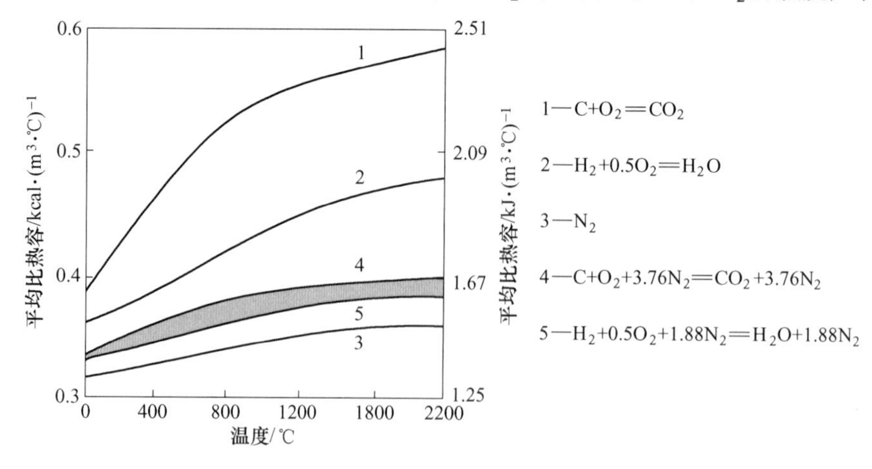

图 6-4　某些气体的平均比热容随温度的变化（1cal = 4. 1868J）

容随温度的升高而增加，但也不很明显。各种燃料的燃烧产物的比热容介于 C 和 H_2的燃烧产物比热容之间，它们的差别也不是很大。根据这一道理，表 6-3 中把各种燃料分为两组，列出了在较宽的温度范围内燃烧产物的近似比热容。这样一来，可以大致估计一个温度并直接查出产物的比热容，便可计算出理论发热温度。显然，这一方法是十分简便的，该法只适用于燃料在空气中的燃烧计算。

表 6-3 燃料燃烧后的近似比热容

温度/℃	燃烧产物比热容 c_p/kJ·(m³·℃)⁻¹		空气的比热容/kJ·(m³·℃)⁻¹
	天然气、焦炉煤气、液体燃料、烟煤等	发生炉煤气、高炉煤气、褐煤等	
0~200	1.38	1.42	1.30
200~400	1.41	1.47	1.30
400~700	1.47	1.57	1.34
700~1000	1.51	1.55	1.38
1000~1200	1.55	1.59	1.42
1200~1500	1.59	1.63	1.47
1500~1800	1.63	1.67	1.47
1800~2100	1.67	1.72	1.51

6.3 理论燃烧温度的计算

理论燃烧温度的表达式如下所示：

$$t_{tc} = \frac{Q_{net} + Q_f + Q_a - Q_{pyro}}{V_\alpha c_p} \tag{6-12}$$

式中，燃料低位发热量、空气物理热及煤气物理热各项都容易计算。这里的问题在于如何计算因高温下热分解而损失的热量和高温热分解而引起的燃烧产物生成量和成分的变化，同时产物成分的变化还会引起产物比热容的变化。

在高温下燃烧产物气体的分解程度与体系的温度及压力有关。温度越高，分解则越强烈（这是因为热分解是吸热反应）；压力越高，分解则越弱（这是因为热分解大多引起体积增加）。在一般工业炉的压力水平下，可以认为热分解只与温度有关，且只有在较高温度下（高于 1800℃）才在工程计算上予以估计。

在有热分解的情况下，燃烧产物中不仅有 CO_2、H_2O、N_2、O_2，而且有 H_2、OH、CO、H、O、N、NO 等，各组成的含量取决于燃料和氧化剂的成分，体系的压力和温度。在一般工业炉的压力及温度水平下，为简化计算，热分解仅取下列反应：

$$CO_2 = CO + 0.5O_2 \qquad Q_{pyro,CO_2} = 12600V_{CO}$$

$$H_2O = H_2 + 0.5O_2 \qquad Q_{pyro,H_2O} = 10800V_{H_2}$$

即燃烧产物中的 CO_2及 H_2O 分解为 CO、H_2和 O_2，这将吸收一部分热量，并引起产物的体积和成分的变化，比热容也随之而变化。

由于热分解的结果，燃烧产物的组成和生成量都将发生变化。因为分解程度与温度有关，所以燃烧产物的组成和生成量都是温度的函数。前面已指出，燃烧产物的平均比热容也是温度的函数。这样一来，为了计算理论燃烧温度，除了需知道平均比热容与温度的关系外，还应列出产物成分与温度的关系。显然，这样计算将是十分繁杂的，必须借助于计算机。对于一般的工业炉热工计算可采用近似方法，即按以下近似处理来进行计算。

（1）忽略热分解所引起$V_\alpha c_p$的变化。由燃烧反应可知，不论是CO_2的热分解还是H_2O的热分解，都将引起燃烧产物生成量的增加。但分解后的双原子气体的平均比热容比原来三原子气体的平均比热容将要减小，根据计算分析可知，在一般的工业炉热工的温度和压力条件下，热分解引起V_α的增加和c_p的减小，而$V_\alpha c_p$的乘积却变化不大。计算时，将其分解为两部分来进行计算：

$$V_\alpha c_p = V_0 c_p + (L_\alpha - L_0) c_a \tag{6-13}$$

其中一部分为理论产物量乘以理论燃烧产物的比热容，另一部分为过剩空气量乘以空气的比热容。

（2）分解热可按分解度的近似值计算。CO_2的分解度（f_{CO_2}）和H_2O的分解度（f_{H_2O}）分别定义为

$$f_{CO_2} = \frac{V_{CO_2,pyro}}{V_{CO_2}} = \frac{V_{CO}}{V_{CO_2}} \tag{6-14}$$

$$f_{H_2O} = \frac{V_{H_2O,pyro}}{V_{H_2O}} = \frac{V_{H_2}}{V_{H_2O}} \tag{6-15}$$

温度越高，分解度越大；分压力越高，分解度越小。在相同的温度和压力下，CO_2的分解度远大于H_2O的分解度。分解度的数值可由温度及CO_2和H_2O的分压查表得到。CO_2及H_2O的分压可用其烟气中体积分数（烟气成分）乘以炉压来计算。分解热可按下式进行计算：

$$Q_{pyro} = 12600V_{CO} + 10800V_{H_2} = 12600f_{CO_2}V_{CO_2} + 10800f_{H_2O}V_{H_2O} \tag{6-16}$$

分解度f与温度及气体分压有关。温度越高，f越大；气体分压越高，f越小。在相同的分压及温度下，f_{CO_2}比f_{H_2O}大得多。已知温度和CO_2、H_2O的分压（近似地按完全燃烧产物成分计算），分解度的数值由表6-4及表6-5中查到。

表6-4　CO_2分解度

t/℃	二氧化碳的分压/ 10^5Pa												
	0.07	0.08	0.09	0.10	0.12	0.14	0.16	0.18	0.20	0.25	0.30	0.35	0.40
1500	0.5	0.5	0.5	0.5	0.5	0.5	0.4	0.4	0.4	0.4	0.4	0.4	0.4
1600	1.70	1.60	1.55	1.50	1.45	1.40	1.35	1.30	1.30	1.20	1.10	1.00	0.95
1700	3.10	3.00	2.90	2.80	2.60	2.50	2.40	2.30	2.20	2.00	1.90	1.80	1.75
1800	5.20	5.00	4.80	4.60	4.40	4.20	4.00	3.80	3.70	3.50	3.30	3.10	3.00
1900	8.50	8.10	7.80	7.60	7.20	6.80	6.50	6.30	6.10	5.60	5.30	5.10	4.90
2000	13.9	13.4	12.9	12.5	11.8	11.2	10.8	10.4	10.0	9.40	8.80	8.40	8.00
2100	20.3	19.6	18.9	18.3	17.3	16.6	15.9	15.3	14.9	13.9	13.1	12.5	12.0

续表 6-4

t/℃	二氧化碳的分压/ 10^5Pa												
	0.07	0.08	0.09	0.10	0.12	0.14	0.16	0.18	0.20	0.25	0.30	0.35	0.40
2200	30.3	29.2	28.3	27.5	26.1	25.0	24.1	23.3	22.6	21.2	20.1	19.2	18.5
2300	39.2	37.9	36.9	35.9	34.3	33.9	31.8	30.9	30.0	28.2	36.9	25.7	24.8
2400	50.2	48.8	47.6	46.5	44.6	43.1	41.8	40.6	39.6	37.5	35.8	34.5	33.3
2500	60.6	59.3	58.0	56.0	55.0	53.4	52.0	50.7	49.7	47.3	45.4	43.9	42.6

表 6-5 H_2O 分解度

t/℃	水蒸气的分压/10^5Pa												
	0.03	0.04	0.05	0.06	0.07	0.08	0.09	0.10	0.12	0.14	0.16	0.18	0.20
1600	0.90	0.85	0.80	0.75	0.70	0.65	0.63	0.60	0.58	0.56	0.54	0.52	0.50
1700	1.60	1.45	1.35	1.27	1.20	1.16	1.15	1.08	1.02	0.95	0.90	0.85	0.80
1800	2.70	2.40	2.25	2.10	2.00	1.90	1.85	1.80	1.70	1.60	1.53	1.45	1.40
1900	4.45	4.05	3.80	3.60	3.40	3.20	3.10	3.00	2.85	2.70	2.60	2.50	2.40
2000	6.30	5.55	5.35	5.05	4.80	4.60	4.45	4.30	4.00	3.80	3.55	3.50	3.40
2100	9.35	8.50	7.95	7.50	7.10	6.80	6.55	6.35	6.00	5.70	5.45	5.25	5.10
2200	13.4	12.3	11.5	10.8	10.3	9.90	9.60	9.30	8.80	8.35	7.95	7.65	7.40
2300	17.5	16.0	15.4	15.0	14.3	13.7	13.3	12.9	12.2	11.6	11.1	10.7	10.4
2400	24.4	22.5	21.0	20.0	19.1	18.4	17.7	17.2	16.3	15.6	15.0	14.4	13.9
2500	30.9	28.5	26.8	25.6	24.5	23.5	22.7	22.1	20.9	20.0	19.3	18.6	18.0
2600	39.7	37.1	35.1	33.5	32.1	31.0	30.1	29.2	27.8	26.7	25.9	24.8	24.1

以上两项分解度计算中所用的温度可用不计热分解的计算式进行估算后得到的理论燃烧温度：

$$t'_{tc} = \frac{Q_{net} + Q_f + Q_a}{V_\alpha c_p} \tag{6-17}$$

一般碳氢化合物燃料在空气中燃烧考虑热分解与不考虑热分解其温度差异为 100～150℃。

（3）近似估算法。估算到空气过剩系数对理论燃烧产物比热容的影响，绘制出烟气的总热焓与理论燃烧温度的关系图。可由下式算出烟气总热焓和烟气中过剩空气量后，直接从图 6-5 中查出理论燃烧温度。

烟气总热焓：

$$i_\Sigma = \frac{Q_{net}}{V_\alpha} + \frac{Q_f}{V_\alpha} + \frac{Q_a}{V_\alpha} \tag{6-18}$$

烟气中过剩空气量：

$$A' = \frac{L_\alpha - L_0}{V_\alpha} \times 100 \tag{6-19}$$

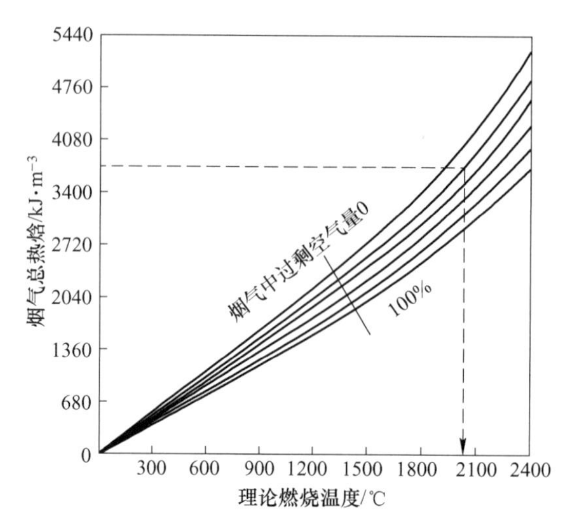

图 6-5 理论燃烧温度与热焓及过剩空气量的关系

6.4 影响燃烧温度的因素

影响燃烧温度的因素包含于各个燃烧温度表达式中。下面仅就实际中较为重要的几个因素进行简要讨论。

（1）燃料种类和发热量。一般通俗地认为，发热量较高的燃料与发热量较低的燃料相比，其理论燃烧温度也较高。例如焦炉煤气的发热量约为高炉煤气发热量的 4 倍，其燃料发热温度也高出 500℃左右。

但是这种认识是有局限性的。例如，天然气的发热量是焦炉煤气的 2 倍，但两者的燃料发热温度基本相同（均为 2100℃左右）。这是因为理论燃烧温度（或燃料发热温度）并不是单一地与燃料发热量有关，而还与燃烧产物有关。本质地讲，燃烧温度主要取决于单位体积燃烧产物的热含量。当 Q_{net} 增加时，一般情况下 V_0 也是增加的，而理论燃烧温度的增加幅度则主要看 Q_{net} 与 V_0 比值的增加幅度。

由表 6-6 的数据可以明显看出。表中 R 表示 $1m^3$ 燃烧产物的热含量，P 为 $1m^3$ 干理论燃烧产物的热含量。由表中看出，由甲烷到丁烷，发热量由 35715kJ/m^3 提高到 118680kJ/m^3，即增加了约 2 倍，但理论发热温度由 2030℃提高到 2118℃即仅提高了大约 4%。由此可以更明显地得到结论，各种燃料的理论燃烧温度与其说与 Q_{net} 有关不如说与 P 值和 R 值有关。

表 6-6 燃烧温度与发热量的关系

燃 料	Q_{net} /kJ · m^{-3}	t_{th} /℃	$R=\dfrac{Q_{net}}{V_0}$ /kJ · m^{-3}	$P=\dfrac{Q_{net}}{V_0^d}$ /kJ · m^{-3}
CH_4	35715	2030	3395	4192
C_4H_{10}	118680	2118	3549	4172
绝对变化	82965	88	154	-20
相对变化/%	232	4. 33	4. 54	

（2）空气消耗系数。空气消耗系数直接关系到燃烧产物生成量，因而对燃烧温度有很大的影响。空气消耗系数 $\alpha>1$ 以后，虽能实现完全燃烧，但随 α 增加，产物生成量也随之增加，而燃烧温度随之下降；α 过小，燃烧很不充分，燃料放热很少，燃烧温度降低。燃烧温度最高时的 α 并不为 1，而是略小于 1（0.92~0.95），这时产物中虽有少量可燃气体，但产物中的 H_2 和 CO 可以使产物中 H_2O 和 CO_2 的分解减弱，从而热分解消耗的能量减少，燃烧温度达到最高。

（3）空气（或煤气）的预热温度。空气（或煤气）的预热温度越高，理论燃烧温度也越高，这是显而易见的。仅把燃烧用的空气预热，即可显著提高理论燃烧温度，而且对发热量高的燃料比对发热量低的燃料，效果更为显著。例如对发生炉煤气和高炉煤气，空气预热温度提高 200℃，可提高理论燃烧温度约 100℃；而对于重油、天然气等燃料，预热温度提高 200℃，可提高理论燃烧温度约 150℃。此外，对于发热量高的煤气，预热空气比预热煤气（达到同样温度）的效果更佳。这是因为，发热量越高，L_0 则越大，空气带入的物理热便更多。

一般情况下，空气（或煤气）是利用炉子废气的热量，采用换热装置来预热的。因而从经济观点来看，用预热的办法比用提高发热量等其他办法提高理论燃烧温度更为合理。

（4）空气的富氧程度。用氧气或富氧空气助燃，大大减少了产物生成量，因而可以有效地提高燃烧温度。利用氧气或富氧空气助燃对于高发热量的燃料提高燃烧温度的效果比低发热量的效果更为显著。

7 燃烧反应速度和反应机理

本章要点

（1）掌握燃烧反应速率的定义和质量作用定律的表达形式；

（2）了解燃烧反应速率的影响因素及典型燃料的燃烧反应机理；

（3）掌握 NO_x 的主要来源。

本章简要介绍燃烧反应动力学原理。这些原理都是物理化学的基本知识，这里将结合燃烧过程加以说明。

7.1 化学反应速度

化学反应速度指单位时间内反应物质浓度的变化，多组分气体的浓度通常使用如下的方法进行表示。

绝对浓度：单位体积中所含某物质的某种量，称为该物质的某浓度或该物质的某绝对浓度。

相对浓度：某物质的某量与同一体积内的各物质某量之和之比，称为该物质的某量分数或该物质的某量相对浓度。

常用的表示方法如下：

（1）摩尔浓度。摩尔分数为单位体积所含 i 物质的物质的量，该方法为绝对浓度表示方法，摩尔浓度（$kmol/m^3$）表达式如下：

$$C_i = \frac{M_i}{V} = \frac{N_i/N_0}{V} \tag{7-1}$$

式中，M_i为 i 物质的物质的量；V 为体积，m^3；N_i为 i 物质的分子数；N_0为阿伏伽德罗（Avogadro）常数，其值为 $6.023\times10^{26}kmol^{-1}$。

（2）质量浓度。质量浓度为单位体积所含 i 物质的质量，该方法为绝对浓度表示方法，质量浓度（kg/m^3）表达式如下：

$$\rho_i = \frac{G_i}{V} = \frac{M_i m_i}{V} = m_i C_i \tag{7-2}$$

式中，G_i为 i 物质的质量，kg；V 为体积，m^3；m_i为 i 物质的摩尔质量，kg/mol。

（3）摩尔分数。摩尔分数为 i 物质的物质的量与同体积的各物质的物质的量之和之比，摩尔分数是一种相对浓度表示方法，其表达式如下：

$$x_i = \frac{M_i}{\sum M_j} = \frac{M_i/V}{\sum M_j/V} = \frac{C_i}{\sum C_j} = \frac{p_i}{p} \tag{7-3}$$

（4）质量分数。质量分数为 i 物质的质量与同体积的各物质的质量之和之比，质量分数是一种相对浓度表示方法，其表达式如下：

$$y_i = \frac{G_i}{\sum G_j} = \frac{G_i/V}{\sum G_j/V} = \frac{\rho_i}{\sum \rho_j} = \frac{\rho_i}{\rho} \tag{7-4}$$

化学反应按照反应的复杂程度可以分为简单反应和复杂反应两类，简单反应和复杂反应的定义如下。

简单反应：由反应物经一步反应直接生成产物的反应。

复杂反应：要经过生成中间产物的许多反应步骤来完成的反应，其中每一步反应称为一个基元反应。

按照反应类型可以分为可逆反应、平行反应、串联反应、共轭反应及链式反应等，各种反应的基本反应式描述如下。

（1）可逆反应：$a\mathrm{A} + b\mathrm{B} \rightleftharpoons c\mathrm{C} + d\mathrm{D}$

（2）平行反应：$a\mathrm{A} \nearrow b\mathrm{B} + c\mathrm{C}$；$a\mathrm{A} \searrow d\mathrm{D} + e\mathrm{E}$

（3）串联反应：$a\mathrm{A} \longrightarrow b\mathrm{B} \longrightarrow c\mathrm{C}$

（4）共轭反应：$\left.\begin{array}{l} a\mathrm{A} \rightleftharpoons b\mathrm{B} + c\mathrm{C} \\ a\mathrm{A} + c\mathrm{C} \longrightarrow d\mathrm{D} \end{array}\right\} 2a\mathrm{A} \longrightarrow b\mathrm{B} + d\mathrm{D}$

在燃烧反应过程中，化学反应速率是反映化学反应进程快慢的量，可由单位时间内参与反应的初始反应物浓度的减少或最终生成物浓度的增加来表示，其表达式如下：

$$W = \pm \frac{\mathrm{d}C}{\mathrm{d}t} \tag{7-5}$$

式中，C 为浓度；t 为时间。由于化学反应各反应物质浓度数量之间的关系是由化学反应式的平衡关系决定的，因此在研究反应速度的时候，可以只研究某一种物质的浓度随时间的变化。式（7-5）中的“+”号用于某一物质的浓度是随时间而增加的，“-”是用于减小的。化学反应过程的平均速率可由下式表示：

$$W = \pm \frac{\Delta C}{\Delta t} \tag{7-6}$$

化学反应速率既可以由反应物的减少表示，也可以由生成物的增加表示，对于反应 $a\mathrm{A}+b\mathrm{B} = c\mathrm{C}+d\mathrm{D}$，反应速率可写为

$$W_\mathrm{A} = -\frac{\mathrm{d}C_\mathrm{A}}{\mathrm{d}t} \quad W_\mathrm{B} = -\frac{\mathrm{d}C_\mathrm{B}}{\mathrm{d}t} \quad W_\mathrm{C} = \frac{\mathrm{d}C_\mathrm{C}}{\mathrm{d}t} \quad W_\mathrm{D} = \frac{\mathrm{d}C_\mathrm{D}}{\mathrm{d}t} \tag{7-7}$$

对于同一反应，由于化学反应的当量系数不一样，所以在反应过程中各种物质的浓度的变化率就不一样，也就是说，用不同物质的浓度随时间的变化来表示化学反应速率，其数值是不同的。对于反应 $a\mathrm{A} + b\mathrm{B} = c\mathrm{C} + d\mathrm{D}$，化学反应速率有如下关系：

$$\frac{1}{a}W_\mathrm{A} = \frac{1}{b}W_\mathrm{B} = \frac{1}{c}W_\mathrm{C} = \frac{1}{d}W_\mathrm{D}$$

即

$$-\frac{1}{a}\times\frac{dC_A}{dt}=-\frac{1}{b}\times\frac{dC_B}{dt}=\frac{1}{c}\times\frac{dC_C}{dt}=\frac{1}{d}\times\frac{dC_D}{dt} \tag{7-8}$$

7.2 质量作用定律

化学反应速度与浓度、温度和压力有关，与浓度的关系可由质量作用定律来描述，质量作用定律是挪威化学家 Guldberg 和 Waage 于 1867 年提出来的。它表述为：对于单相化学反应，在温度不变的条件下，任何瞬间的化学反应速度与该瞬间的参加反应的反应物浓度的幂次方的乘积成正比，而各反应物浓度的方次即为化学反应式中各反应物的分子数。对于反应 $aA+bB=cC+dD$，化学反应速度可表示为

$$W=\left(-\frac{dC_A}{dt}\right)=kC_A^aC_B^b \tag{7-9}$$

式中，k 为化学反应速度常数（reaction rate coefficient/constant），其大小直接取决于反应温度及反应物的物理化学性质，其单位与反应级数有关；a、b 为化学反应中相应物质的物质的量，$a+b=n$，称为反应级数（order of reaction）。对于简单反应，反应级数为反应式中各反应物浓度项的指数之和；对于复杂反应，则需由实验来确定，一些燃料在空气中燃烧时的反应级数如表 7-1 所示。

表 7-1 一些燃料在空气中燃烧的反应级数

燃　　料	煤气	轻油	重油	煤粉
反应级数	约 2	1.5~2	约 1	约 1

由于化学反应时各反应物之间存在一定的化学当量比关系，因此质量作用定律又可写为如下形式：

$$W=-\frac{dC_A}{dt}=kC_A^n \tag{7-10}$$

7.3 阿伦尼乌斯（Arrhenius）定律

分子要发生化学反应的首要条件是它们之间必须碰撞，但并不是每次碰撞都是有效的，而是活化分子之间发生碰撞才有效。要使具有平均能量的普通分子变为具有能量超出一定值的活化分子所需的最小能量称为活化能，其量级在 42000~420000kJ/kmol 之间。一般燃烧反应的活化能示意说明如图 7-1 所示。

瑞典化学家 Arrhenius 通过大量的实验与理论验证，总结出化学反应速度与反应温度的关系，这个关系为超越函数，有如下三种表达方式：

$$\frac{d(\ln k)}{dT}=\frac{E}{RT^2} \tag{7-11}$$

$$\ln k=-\frac{E}{RT}+\ln k_0 \tag{7-12}$$

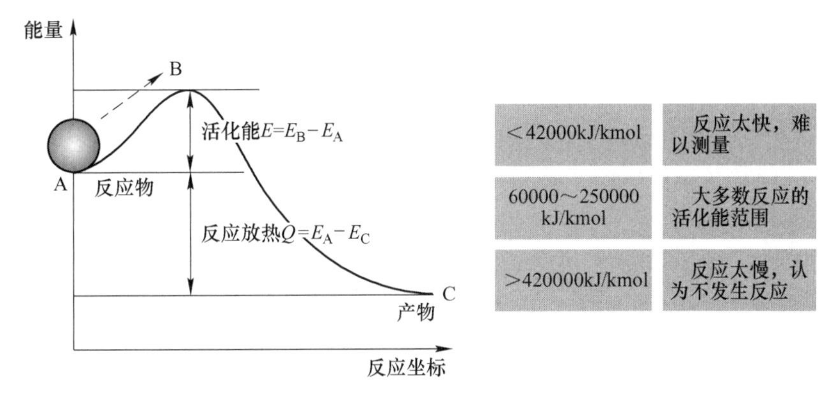

图 7-1 一般反应的活化能示意说明

$$k = k_0 e^{-\frac{E}{RT}} \tag{7-13}$$

式中 E——反应活化能（activation energy），kJ/kmol；

R——通用气体常数（或摩尔气体常数），其值为 8.314kJ/(kmol·K)；

T——反应温度，K；

$e^{-\frac{E}{RT}}$——玻耳兹曼因子，在数理统计上表示有效碰撞频率；

k_0——频率因子或指前因子。

结合质量作用定律及阿伦尼乌斯定律，燃烧反应化学反应速率可由下式表示：

$$W = kC_A^a C_B^b = k_0 \exp(-\frac{E}{RT}) C_A^a C_B^b \tag{7-14}$$

显然，上式只适用简单反应。对于复杂反应，表达式将不同。而燃烧反应属于链锁反应，活性中间产物（活化中心）起着重要作用，这时的反应速度不仅与原始物质浓度有关，而且与活化中心的浓度有关，其表达式更为复杂，要由实验确定。尽管如此，在燃烧理论的研究中，有时仍借用该式的形式作为燃烧反应速度的表达式，并由此可以得到定性的正确结论。

7.4 压力及其他因素对化学反应速率的影响

在燃烧反应中，反应过程中的压力、反应物的浓度及性质等都对化学反应速率有影响，分析如下：

(1) 压力的影响。由质量作用定律和 Arrhenius 定律，化学反应速度可表示为

$$W = kC_A^a C_B^b = k_0 \exp\left(-\frac{E}{RT}\right) C_A^a C_B^b \tag{7-15}$$

由摩尔浓度的定义及理想气体的状态方程，有

$$C_i = \frac{M_i}{V} = \frac{p_i}{RT} \tag{7-16}$$

又由道尔顿分压定律可知：

$$p_i = x_i p \tag{7-17}$$

最终可得：

$$W = k_0 \exp\left(-\frac{E}{RT}\right) x_A^a x_B^b \left(\frac{p}{RT}\right)^{a+b} = k_0 \exp\left(-\frac{E}{RT}\right) x_A^a x_B^b \left(\frac{p}{RT}\right)^n \tag{7-18}$$

一般的化学反应级数 $n>1$，因此，提高压力可以加快反应的进行。

（2）可燃混合气混合比例的影响。以简单的双分子反应 A+B ═ C 为例，其化学反应速率可表示如下：

$$W = kC_A C_B = kx_A x_B \left(\frac{p}{RT}\right)^2 \tag{7-19}$$

由于相对浓度 x_A 与 x_B 的和为 1，可得 $x_B=1-x_A$，将 x_B 代入化学反应速率式中可得

$$W = kx_A x_B \left(\frac{p}{RT}\right)^2 = kx_A(1 - x_A)\left(\frac{p}{RT}\right)^2 \tag{7-20}$$

对 x_A 取导数可得：

$$\frac{dW}{dx_A} = k\left(\frac{p}{RT}\right)^2 (1 - 2x_A) \tag{7-21}$$

当 $\frac{dW}{dx_A} = 0$ 时，反应速度有极值，这时解得 $x_A = 0.5$，$x_B = 1 - x_A = 0.5$，即混合比例为化学当量比时有最大反应速度。

（3）反应物性质。反应的活化能越小，反应的化合能力就越强，反应速率就越大。饱和分子之间进行化学反应所需活化能较大；饱和分子与离子或根之间的反应所需活化能较小；而离子间进行化学反应，由于不需要破坏旧的联系，活化能趋近于 0，这时的反应速率与温度的关系很小，反应速率极高。

7.5　几种可燃气体的燃烧反应机理

燃烧反应属于链锁反应中的支链反应。在链锁反应中，参加反应的中间活性产物或活化中心，一般是自由态原子或基团。每一次活化作用能引起很多基本反应（反应链），这类反应容易开始进行并能继续下去。支链反应，即参加反应的一个活化中心可以产生两个或更多的活化中心，其反应速度是极快的，可以导致爆炸。支链反应是由苏联学者在 1927 年发现的，并已进行了大量的研究工作。但是至今并不是对所有可燃气体的燃烧机理都有一致的明确结论。下面介绍几种常见气体的燃烧反应机理的一般研究结果。

（1）氢的燃烧反应机理。氢的燃烧反应机理被认为是典型的支链反应，反应过程中的基本反应方程式如下。

链的产生：

1）$H_2 + O_2 \longrightarrow 2OH$

2）$H_2 + M \longrightarrow 2H + M$

3）$O_2 + O_2 \longrightarrow O_3 + O$

链的继续及支化：

1′）$H + O_2 \longrightarrow OH + O$

2′）$OH + H_2 \longrightarrow H_2O + H$

3′) $O + H_2 \longrightarrow OH + H$

器壁断链：

1″) $H +$ 器壁 $\longrightarrow \frac{1}{2}H_2$

2″) $OH +$ 器壁 $\longrightarrow \frac{1}{2}H_2O_2$

3″) $O +$ 器壁 $\longrightarrow \frac{1}{2}O_2$

空间断链：

1‴) $H + O_2 + M \longrightarrow H_2O + M^*$

2‴) $O + O_2 + M \longrightarrow O_3 + M^*$

3‴) $O + H_2 + M \longrightarrow H_2O + M^*$

由上述反应可以看出，主要的基本反应是自由原子和自由基的反应，而且几乎每一个环节都发生链的支化。1，2，3 反应的循环进行，引起 H 原子数的不断增加，即

$$\begin{aligned} H + O_2 &\longrightarrow OH + O \\ 2OH + 2H_2 &\longrightarrow 2H_2O + 2H \\ +)\qquad O + H_2 &\longrightarrow OH + H \\ \hline H + 3H_2 + O_2 &\longrightarrow 2H_2O + 3H \end{aligned}$$

可知，这里 1 个氢原子产生了 3 个氢原子，3 个将产生 9 个，从而反应速度越来越快。

这种链锁反应的反应速度随时间的变化有一个重要特点，就是在反应的初期有一个“感应期”（τ_i）。

在等温支链反应的感应期中，反应的能量主要用来产生活化中心。由于此时的活化中心浓度还不够大，因此实际上还观察不到反应在以一定速度进行。超过感应期，反应速度由于链的支化而迅速增大，直至最大值；然后在一定容积中，随着反应物质的消耗，活化中心的浓度也逐渐减小，反应终将停止。对于燃烧反应来说，热效应很大，如果反应体系的热损失相对较小，那么体系便不能看作是等温的，而应当看作是绝热的。在绝热过程中，上述反应速度随时间变化的特点更为明显。绝热体系在反应过程中不仅活化中心在积累，而且体系的温度逐渐升高，所以在感应期内反应速度便开始增加，而当过了感应期，速度便急剧增加，并将使一定容积中的反应物质急剧耗尽，随即反应也就停止。当然，如果像在稳定燃烧的燃烧室中那样，连续地供应反应物质，那么燃烧反应也会以最大反应速度进行下去。

由此可见，支链反应速度与简单反应不同。对氢来说，如果按反应式：

$$2H_2 + O_2 \longrightarrow 2H_2O$$

那么反应速度好像是

$$W = \frac{dC_{H_2O}}{d\tau} = KC_{H_2}^2 C_{O_2} \qquad (7\text{-}22)$$

但是实际不然。H_2的反应速度取决于前述支链反应中的式1′)、2′)、3′)。而在这三个基本反应中，反应1′）的活化能最大（7.54×10^4J/mol），反应2′）的活化能（4.19×10^4J/mol）和反应3′）的活化能（2.51×10^4J/mol）都比较小。因此总体来说，反应速度将取决于反应式1′)，即

$$W = KC_H C_{O_2} \tag{7-23}$$

估计到温度的影响，氢的反应速度为

$$W = 10^{-11}\sqrt{T}\exp\left(-\frac{7.54 \times 10^4}{RT}\right) C_H C_{O_2} \tag{7-24}$$

由该式可见，温度对燃烧反应速度的影响是极为显著的。

（2）一氧化碳的燃烧反应机理。一氧化碳的燃烧反应也具有像氢那样的支链反应的特征，并且实践证明，CO气体只有当存在H_2O的情况下才有可能开始快速的燃烧反应，反应机理如下。

链的产生：

$$H_2O + CO \longrightarrow H_2 + CO_2$$
$$H_2 + O_2 \longrightarrow 2OH$$

链的继续：

$$OH + CO \longrightarrow CO_2 + H$$

链的支化：

$$H + O_2 \longrightarrow OH + O$$
$$O + H_2 \longrightarrow OH + H$$

断链：

$$H + 器壁 \longrightarrow \frac{1}{2}H_2$$
$$CO + O \longrightarrow CO_2$$

由于在CO的反应中，同时有H_2O的参加，成为复杂的链锁反应，因此反应速度的测定和计算也比较困难，致使各学者的研究结论不尽一致。根据大量实验数据的分析，一氧化碳的反应速度可写为

$$-\frac{dC_{CO}}{d\tau} = PK_0 m_{CO} m_{O_2}^{1.25} T^{-2.25} \exp\left(-\frac{2300}{T}\right) \tag{7-25}$$

式中，m_{CO}、m_{O_2}分别为CO和O_2的相对浓度；PK_0为与H_2O含量成正比的系数［该式适用条件为$m_{O_2} > 0.05$；$m_{H_2O} = 2.0\% \sim 2.7\%$；$PK_0 = (1.1 \sim 2.5) \times 10^9$］。

一定的H_2O的浓度有利于CO的燃烧反应，据有关资料介绍，水分含量的最佳值为7%~9%，如果水分过多，会使燃烧温度降低而减慢反应速度。

（3）甲烷的燃烧反应机理。碳氢化物的燃烧机理，和H_2与CO相比，更为复杂。各类碳氢化合物在较低温度下即开始氧化，温度区域不同，它们的反应机理也往往不相同。而在高温下，除了氧化反应外，因有热不稳定性，它们还将分解和裂化。碳氢化合物的氧化反应机理属于退化支链反应，它的感应期比较长，反应速度也比支链反应慢一些。下面仅介绍最简单的碳氢化合物（甲烷）的燃烧反应机理。

甲烷在低温下（900K以下）和高温下的反应机理有所不同。低温下的氧化反应机理

如下：

0）$CH_4 + O_2 \longrightarrow CH_3 + HO_2$（链的产生）

$$\left.\begin{array}{l} 1)\ CH_3 + O_2 \longrightarrow CH_2O + H_2O \\ 2)\ OH + CH_4 \longrightarrow CH_3 + H_2O \\ 3)\ OH + CH_2O \longrightarrow H_2O + HCO \end{array}\right\}\text{链的继续}$$

4）$CH_2O + O_2 \longrightarrow HCO + HO_2$（退化分支）

$$\left.\begin{array}{l} 5)\ HCO + O_2 \longrightarrow CO + HO_2 \\ 6)\ CH_4 + HO_2 \longrightarrow H_2O_2 + CH_3 \\ 7)\ CH_2O + HO_2 \longrightarrow H_2O_2 + HCO \end{array}\right\}\text{链的继续}$$

8）$OH \longrightarrow$ 器壁（断链）

$CH_2O \longrightarrow$ 器壁（断链）

这组反应机理的特点是生成中间产物甲醛，它又生成新的活化中心。

高温下甲烷的燃烧反应除了氧化物的链锁反应外，还伴随着甲烷的分解。基本的反应式包括甲烷的不完全燃烧反应：

$$CH_4 + O_2 \longrightarrow HCHO + H_2O$$

和甲醛的进一步完全燃烧：

$$HCHO + O_2 \longrightarrow H_2O + CO_2$$

反应机理如下：

第一阶段的反应有

$$CH_4 \longrightarrow CH_3 + H$$
$$CH_3 + O_2 \longrightarrow HCHO + OH$$
$$H + O_2 \longrightarrow OH + O$$
$$CH_4 + OH \longrightarrow CH_3 + H_2O$$
$$CH_4 + O \longrightarrow CH_3 + OH$$

第二阶段的反应有

$$HCHO \longrightarrow HCO + H$$
$$H + O_2 \longrightarrow OH + O$$
$$HCO + O_2 \longrightarrow CO + HO_2 \longrightarrow CO + OH + O$$
$$HCHO + OH \longrightarrow HCO + H_2\dot{O}$$
$$HCHO + O \longrightarrow HCO + OH$$

HCO 并可分解成 CO：

$$HCO \longrightarrow CO + H$$
$$HCO + O \longrightarrow CO + OH$$
$$HCO + OH \longrightarrow CO + H_2O$$

而 CO 则按下式燃烧：

$$CO + OH \longrightarrow CO_2 + H$$
$$CO + O \longrightarrow CO_2$$

甲烷的反应速度和氧及甲烷的浓度有关，并和温度及压力有关。根据实验研究，甲烷氧化的最大反应速度可用下式表示：

$$W = \alpha [CH_4]^m [O_2]^n p^t \tag{7-26}$$

式中，α 为比例常数；p 为系统的总压力；m、n、t 为实验常数，其数值与温度有关，即

低温下：$m = 1.6 \sim 2.4$；$n = 1.0 \sim 1.6$；$t = 0.5 \sim 0.9$。

高温下：$m = -1.0 \sim 1.0$；$n = 2.0 \sim 3.0$；$t = 0.3 \sim 0.6$。

从以上的介绍可以看出，尽管是一些简单的可燃气体，它们的燃烧反应机理都是比较复杂的。可以认为关于 H_2 的燃烧反应机理的研究是比较充分的，而对于其他气体，特别是对于碳氢化合物的反应机理的研究则不够充分，一些学者所提出的机理还带有假说性质，有待进一步发展。

7.6 碳的燃烧反应机理

碳有两种结晶形态，即石墨和金刚石，在燃料中认为碳的结晶形态只有石墨。下面所讨论的仅是石墨碳的燃烧反应机理。

碳的燃烧反应机理属于异相反应。石墨结晶中的碳原子与气体中的氧分子相作用，包括扩散、吸附和化学反应；它们生成的产物又与氧和碳相互作用，是比较复杂的，就化学反应来说，总的包括三种反应，即

（1）碳与氧的反应（燃烧反应），生成 CO 和 CO_2，简单写为如下所示：

$$C + O_2 = CO_2 + 409kJ/mol$$

$$2C + O_2 = 2CO + 246kJ/mol$$

（2）碳与 CO_2 反应：

$$C + CO_2 = 2CO - 162kJ/mol$$

（3）一氧化碳的氧化反应：

$$2CO + O_2 = 2CO_2 + 571kJ/mol$$

第（1）组反应称为“初次”反应，其产物称为初次产物；第（2）（3）组反应称为“二次”反应，其产物称为二次产物。

由这些反应可以看出，初次反应和二次反应都可以生成 CO 和 CO_2。关于碳的燃烧机理的研究在于确定初次反应和二次反应对生成 CO 和 CO_2 的作用。在这方面，长久以来存在着三种见解。

（1）认为初次生成物是 CO_2：燃烧产物中的 CO 是由于 CO_2 与 C 的还原反应而生成的。

（2）认为初次生成物是 CO ：燃烧产物中的 CO_2 是由于 CO 的氧化反应生成的。

（3）初次生成物同时有 CO 和 CO_2。

根据精密的实验研究，现在多数学者倾向于第（3）种见解。这种见解估计到了吸附对燃烧过程的影响。氧对碳的吸附，不仅吸着在其表面上，而且还溶解于石墨晶格内。碳与氧结合成一种结构不定的质点 C_xO_y。该质点或者在氧分子的撞击下分解成 CO 和 CO_2，即

$$C_xO_y + O_2 \longrightarrow m\,CO_2 + nCO$$

或者是简单的热力学分解：

$$C_xO_y \longrightarrow mCO_2 + nCO$$

而 CO_2 与 CO 的数量比例，即 m 与 n 值，则与温度有关。例如，据实验研究，当温度低于 1200℃时，认为反应是分为两个阶段进行的，即先是氧在石墨内迅速地溶解：

$$4C + 2O_2 \xlongequal{\quad} 4C \cdot 2(O_2)_{(溶)}$$

然后溶液在氧分子撞击表面的作用下缓慢分解：

$$4C \cdot 2(O_2)_{(溶)} + O_2 \xlongequal{\quad} 2CO + 2CO_2$$

以上两式相加，可得总反应式为

$$4C + 3O_2 \xlongequal{\quad} 2CO + 2CO_2$$

这两个反应中，后一个反应是较慢的，因此它决定着总反应的速度。按后一个反应，对 O_2 来说，属于 1 级反应。所以低温下碳的燃烧反应表示为 1 级反应的形式，即

$$W_1 = K_1 p_{O_2} \exp\left(-\frac{E_1}{RT}\right) \tag{7-27}$$

式中，p_{O_2} 为 O_2 的压力（实验时采用低压，0.11～750Pa）；E_1 为活化能，为 84～126kJ/mol。

当温度高于 1500℃时，认为反应也是分两个阶段进行的，先是氧气在石墨晶格上的化学吸着，即

$$3C + 2O_2 \xlongequal{\quad} 3C \cdot 2(O_2)_{(吸)}$$

然后是质点的热分解：

$$3C \cdot 2(O_2)_{(吸)} \xlongequal{\quad} 2CO + CO_2$$

以上两式相加得总反应式为

$$3C + 2O_2 \xlongequal{\quad} CO_2 + 2CO$$

上面的第二个反应速度较慢，为零级反应，它决定着总的反应速度。

因此高温下碳的反应速度可按零级反应计算，即

$$W_2 = K_2 \exp\left(-\frac{E_2}{RT}\right) \tag{7-28}$$

式中，E_2 为活化能，为 290～370 kJ/mol。

由上述理论可以看出，碳燃烧时生成的 CO_2 与 CO 的比例，在低温下为 1∶1，在高温下为 1∶2。

上述实验都是在压力很低（接近真空），气流速度很小（接近静止），且石墨表面为光滑平面的条件下进行的，这样的条件是为了便于测定初次反应物。实际燃烧的焦炭并不是一整块石墨晶格，而是由许多小晶粒组成，晶界面曲折复杂，从而使化学活性增大。一般焦炭，高温燃烧反应的活化能比上述 290kJ/mol 要低。特别是当焦炭中含有矿物杂质时，更易使碳的晶格变形扭曲。碳氧配合物更容易从晶格上脱离开。不同的焦炭，由于碳晶格结构和所含杂质的差异，其活化能的差别很大。一般碳和氧在高温下的反应活化能为 125～199kJ/mol。

此外，实际燃烧条件下燃料层温度常在 1300～1600℃之间。这时，反应过程将同时包括固熔配合和晶界面直接化学吸附两种反应机理，所生成的 CO_2 与 CO 的比例也将在两种机理的比例之间，实际燃烧产物中将同时包括初次产物和二次产物，碳的燃烧速度将不仅

受化学动力因素的影响，而且与物理扩散因素有关。总之，实际燃烧过程的机理将更加复杂。

7.7 燃烧过程中 NO_x 的生成机理

工业炉烟气中含有的氧化氮（NO_x），对人体、动物、植物都有极大的危害，是造成大气污染的主要有害气体之一。

烟气中的 NO_x 主要是在燃料燃烧过程中生成的，其中氮来源于空气和燃料，氧主要来源于空气。NO_x 包括 N_2O、NO、NO_2、N_2O_3、NO_3 和 N_2O_4、N_2O_5 等各种氮的氧化物，但其中主要是 NO 和 NO_2。

（1）NO_x 毒性及排放标准。NO_x 是指氮氧化物，它包括 NO、NO_2、N_2O、N_2O_3、NO_3、N_2O_4、N_2O_5等。NO_x 的毒性远高于 CO 及 SO_2，其中 NO_2浓度为（90~100）$\times10^{-4}\%$ 时，3h 可使人死亡，相当于浓度为 $1000\times10^{-4}\%$的 SO_2的毒性。

由于 NO_x 对人的毒性以及形成酸雨对环境和生态的破坏，因此各国政府在制定环保标准时都对 NO_x 排放有严格的限制，北京市对于锅炉大气污染物 NO_x 排放标准如表 7-2 所示。

表 7-2 北京市锅炉大气污染物 NO_x 排放标准

燃烧设备	在用/$mg\cdot m^{-3}$	新建、扩建、改建/$mg\cdot m^{-3}$	测试条件
电站锅炉	80	80	$\alpha=1.4$
工业锅炉	80	80	$\alpha=1.8$
民用锅炉	80	30	

（2）NO_x的来源。NO_x的来源主要有热力型、燃料型及快速型三类，各类来源的说明如下。

1）热力型 NO_x(thermal-NO_x)：高温下火焰周围空气中固定氮的氧化生成的 NO_x。热力型 NO_x的生成量主要与温度及空燃比有关，当燃烧温度大于 1800K 后，其生成量会急剧增加，可占总量的 25%~30%；当空气消耗系数 $\alpha<0.95$ 和 $T<1800$K 时，其生成量可忽略不计。

2）燃料型 NO_x(fuel-NO_x)：燃料中的氮在燃烧过程中被氧化而生成的 NO_x。在870~1170K 较低温度下生成的 NO_x，生成量占总生成量的 75%左右，生成机理非常复杂。如煤的燃烧过程中，NO_x的生成主要有两种途径：一是燃料中氮化合物（如喹啉 C_5H_5N），氮是以原子状态结合的，在燃烧中很容易释放出氮原子，生成 NO_x；二是燃料中有机化合物分解为 HCN、CN、NH、NH_2等中间产物后与 O_2、O、OH 作用而生成 NO_x。

3）快速型（或瞬间型）NO_x(prompt-NO_x)：是由燃料燃烧时产生的烃（CH_i）等在火焰面附近撞击燃烧空气中的 N_2分子而生成 CN、HCN，然后 HCN 等再被氧化成 NO_x。快速型 NO_x 对温度的依赖性很弱，在富燃料的碳氢火焰中较多，但生成量只占总 NO_x 量的 5%以下。

三类 NO_x 的生成浓度与炉温的关系如图 7-2 所示。

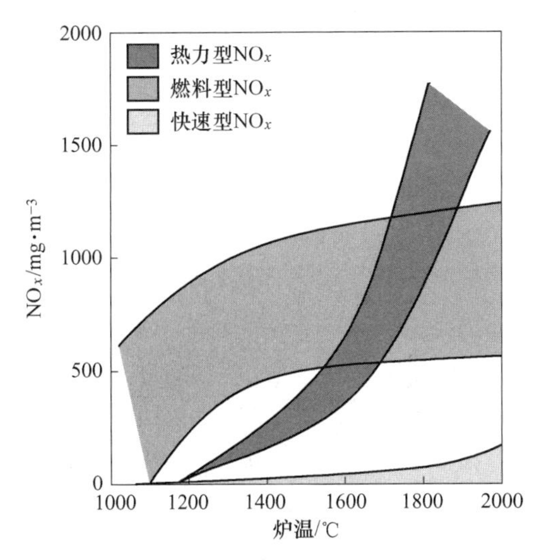

图 7-2 三类 NO_x 的生成浓度与炉温的关系示意图

(3) NO_x的生成过程。NO_x的生成机理有许多人在进行研究。至今，公认为比较充分的是 Zeldovich 等人的生成理论。该理论认为，在 O_2-N_2-NO 系统中，存在着下列反应：

$$N_2 + O_2 \rightleftharpoons 2NO - Q$$

它的机理是设想存在着下列平衡关系：

$$N_2 + O \rightleftharpoons NO + N$$

$$N + O_2 \rightleftharpoons NO + O$$

上述反应，基本上服从阿伦尼乌斯定律。NO 的生成速度为

$$\frac{d[NO]}{d\tau} = \frac{5 \times 10^{11}}{\sqrt{O_2}} \exp\left(-\frac{36 \times 10^4}{RT}\right) \left\{O_2 \cdot N_2 \cdot \frac{64}{3} \exp\left(\frac{18 \times 10^4}{RT}\right) - [NO]^2\right\} \quad (7\text{-}29)$$

式中，[NO] 为 NO 的瞬时浓度。

由上式可以看出，NO 的生成速度与燃烧过程中的最高温度（T）以及氧、氮的浓度有关，与燃料的其他性质无关。

当燃烧过程中有水蒸气时，燃烧产物中有 OH 存在，此时 NO 可按下式生成：

$$N + OH \rightleftharpoons H + NO$$

大多数研究表明，NO 的生成是在燃烧带之后（但靠近最高温度区）的燃烧产物中进行的。但近来也有一些研究指出，在燃烧带之中 NO 的生成反应也在进行。NO 的浓度与燃烧产物的温度有关，且最强烈地生成 NO 的地方是在最高温度区，而不管在这个区域中燃烧反应是已经结束还是正在进行。虽然 O、N、H 等原子在燃烧带存在的时间很短，但是因为它们极活泼，所以对 NO 的生成起到了很大的作用。

应当指出，NO 的生成并不是瞬时完成的，燃烧产物在燃烧室停留的时间往往小于达到生成 NO 平衡浓度所需要的时间。因此燃烧产物在高温区停留的时间越长，烟气中 NO 的浓度也将越大。相反，增大气流速度可使 NO 的浓度降低。

各种氮的氧化物在高温下都有一定的热稳定性，并各不相同。一般，当温度高于 1370K 时，一氧化氮是最稳定的。因此，研究高温下的燃烧过程时，常认为仅生成 NO。

实际上在火焰中也生成少量的 NO_2。NO_2 主要是 NO 氧化生成的，其反应机理有多种，其中主要的是

$$O_2 + M = O + O + M$$

$$O + NO + M = NO_2 + M$$

$$NO + O_2 = NO_2 + O$$

$$HOO + NO = NO_2 + OH$$

由此可见，当有过剩氧气（空气）时，燃烧产物中将易生成 NO_2。

NO 在 2500K 以下的分解是很慢的，在空气不足，温度很高的情况下会有某种程度的分解，但在 O、O_2存在的条件下氮氧化物的减少是非常困难的。

由以上分析可知，影响 NO 的生成的主要因素有：1）燃烧产物在高温区停留的时间越长，NO 生成量越多；2）燃烧温度越高，NO 生成量越多；3）高温区氧的浓度越高，NO 生成量越多。

控制 NO 生成的主要方法有：1）在保证完全燃烧的情况下，尽量降低空气消耗系数，以降低火焰中过剩氧的浓度；2）采用烟气再循环燃烧方法（图 7-3），以降低火焰中氧浓度；3）采用分段燃烧法，可同时降低火焰温度及火焰中氧浓度；4）采用低氮含量的燃料。

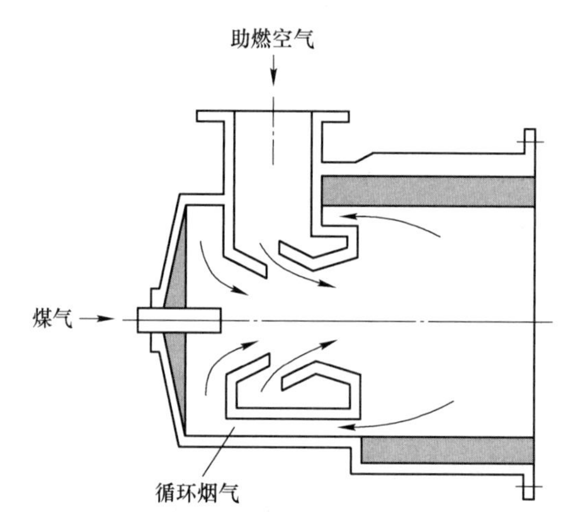

图 7-3　烟气再循环低氮燃烧器示意图

总之，NO_x的生成主要与火焰中的最高温度、氧和氮的浓度，以及气体在高温下停留时间等因素有关。在实际工作中，可采用降低火焰最高温度区的温度、减少过剩空气等方面的措施，以减少 NO_x 对大气的污染。

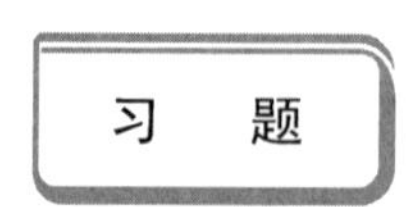

习　题

烟煤和无烟煤的燃烧反应活化能分别为 $E_b = 11\times10^4$ J/mol 和 $E_a = 13\times10^4$ J/mol，当反应温度为 800℃时，烟煤的反应速度是无烟煤的 1.3 倍（$W_b = 1.3W_a$），计算两种煤的反应速率相等时的温度（氧化剂浓度及其流速不变）。

8 着火理论

本章要点

(1) 掌握闭口体系和开口体系的自燃着火理论；

(2) 了解点燃过程及点燃条件。

着火（ignition）过程指燃料与氧化剂分子混合后，从反应开始，温度升高，达到激烈的燃烧反应这一过程，也即化学反应速度在极短的时间内由低速迅速增加到极高的燃烧反应速度的过程。

实现着火的方式包括自燃着火和被迫着火（点燃），自燃着火包括热自燃和链锁自燃，相关概念定义如下。

热自燃：可燃混合物在整个容器内达到一定的温度，反应速度较快，反应放热大于对环境散热，造成热量积累，导致反应速度迅速增加，最终形成着火燃烧。

链锁自燃：由于在分支链式反应中，活化中心自行迅速增殖，从而达到很高的反应速度，形成着火燃烧。

被迫着火/点燃：依靠外部能量，强制使容器内局部可燃混合气反应速度迅速增加，放出热量使容器内可燃气体温度迅速升高，最终形成着火燃烧。

8.1 闭口体系自燃着火理论

闭口体系自燃着火主要讨论绝热闭口体系和有散热条件下的闭口体系自燃着火过程。

(1) 绝热条件闭口体系的热自燃着火。假设存在如图 8-1 所示的绝热闭口体系，设绝热闭口体系中初始温度为 T_0，燃料初始浓度为 C_{f0}，反应过程中温度从 T_0 升高为 T，浓度从 C_{f0} 下降为 C_f。

由反应过程热平衡可知

$$Q_f(C_{f0} - C_f) = c_V(T - T_0) \tag{8-1}$$

式中，Q_f 为燃料的发热量，kJ/kmol；c_V 为混合气的定容容积比热容，kJ/(m^3 · K)。当燃料完全燃烧后，$C_f = 0$，混合气温度达到最大值 $T = T_m$，于是有

$$Q_f C_{f0} = c_V(T_m - T_0) \tag{8-2}$$

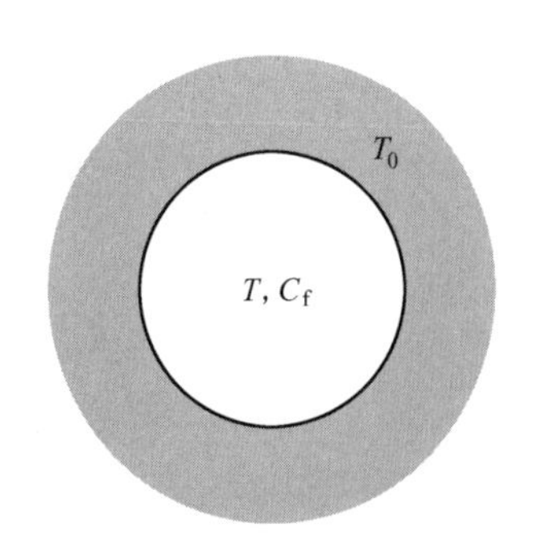

图 8-1　绝热闭口体系示意图

综合以上两式可得

$$\frac{C_{f0} - C_f}{C_{f0}} = \frac{T - T_0}{T_m - T_0} \tag{8-3}$$

即

$$\frac{C_f}{C_{f0}} = \frac{T_m - T}{T_m - T_0} \tag{8-4}$$

通过上式即可得到绝热闭口体系中浓度与温度的关系，该关系如图 8-2 所示。

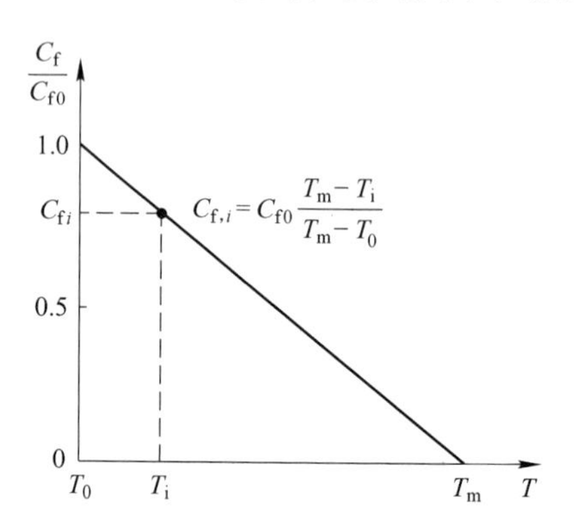

图 8-2 绝热闭口体系中浓度与温度的关系示意图

设绝热容器中所进行的燃烧反应为简单的双分子反应，燃料与氧化剂的体积混合比为 α，即 $\alpha = C_{O_2}/C_f$，那么根据质量作用定律及浓度与温度的关系，可得

$$w = -\frac{dC_f}{dt} = k_0\exp\left(-\frac{E}{RT}\right) C_f C_{O_2} = k_0\exp\left(-\frac{E}{RT}\right)\alpha C_f^2 = k_0\exp\left(-\frac{E}{RT}\right)\alpha C_{f0}^2\left(\frac{T_m - T}{T_m - T_0}\right)^2 \tag{8-5}$$

将该式对时间求导，反应速率可用温升速率来表示：

$$\frac{dC_f}{dt} = -\frac{C_{f0}}{T_m - T_0} \times \frac{dT}{dt} \tag{8-6}$$

整理后可得

$$\frac{dT}{dt} = k_0\exp\left(-\frac{E}{RT}\right)\alpha C_{f0}\frac{(T_m - T)^2}{T_m - T_0} \tag{8-7}$$

利用数值积分法即可得到温度与时间的关系 $T = f(t)$，再代入化学反应速率公式就可得到反应速率与时间的关系 $w = g(t)$。

下面分析一下该体系的自燃着火条件，化学反应速率取决于反应物浓度和温度，即 $w = \Phi(C, T)$，w 对 t 的全导数为

$$\frac{dw}{dt} = \left(\frac{\partial w}{\partial C_f}\right)_T \times \frac{dC_f}{dt} + \left(\frac{\partial w}{\partial T}\right)_C \times \frac{dT}{dt} \tag{8-8}$$

在绝热系统中，反应放热全部用于加热可燃混合气体，所以这时能量方程为

$$c_V\frac{dT}{dt} = -Q_f\frac{dC_f}{dt} \tag{8-9}$$

即

$$\frac{\mathrm{d}T}{\mathrm{d}t} = -\frac{Q_\mathrm{f}}{c_V} \times \frac{\mathrm{d}C_\mathrm{f}}{\mathrm{d}t} \tag{8-10}$$

将反应速率定义 $w = -\mathrm{d}C_\mathrm{f}/\mathrm{d}t$ 及能量方程代入 w 对 t 的全导数中，有

$$\begin{aligned}\frac{\mathrm{d}w}{\mathrm{d}t} &= \left(\frac{\partial w}{\partial C_\mathrm{f}}\right)_T \times \frac{\mathrm{d}C_\mathrm{f}}{\mathrm{d}t} + \left(\frac{\partial w}{\partial T}\right)_{C_\mathrm{f}} \times \frac{\mathrm{d}T}{\mathrm{d}t} = -\left(\frac{\partial w}{\partial C_\mathrm{f}}\right)_T w + \left(\frac{\partial w}{\partial T}\right)_{C_\mathrm{f}}\left(-\frac{Q_\mathrm{f}}{c_V} \times \frac{\mathrm{d}C_\mathrm{f}}{\mathrm{d}t}\right) \\ &= w\left[-\left(\frac{\partial w}{\partial C_\mathrm{f}}\right)_T + \frac{Q_\mathrm{f}}{c_V}\left(\frac{\partial w}{\partial T}\right)_{C_\mathrm{f}}\right]\end{aligned} \tag{8-11}$$

着火条件是反应成为爆炸反应，条件是使 $\mathrm{d}w/\mathrm{d}t>0$，所以由上式，有

$$-\left(\frac{\partial w}{\partial C_\mathrm{f}}\right)_T + \frac{Q_\mathrm{f}}{c_V}\left(\frac{\partial w}{\partial T}\right)_{C_\mathrm{f}} > 0 \tag{8-12}$$

因为 $\left(\frac{\partial w}{\partial C_\mathrm{f}}\right)_T$ 总是正值，所以绝热条件下着火的必要条件是

$$\frac{Q_\mathrm{f}}{c_V}\left(\frac{\partial w}{\partial T}\right)_{C_\mathrm{f}} > \left(\frac{\partial w}{\partial C_\mathrm{f}}\right)_T \tag{8-13}$$

其物理意义为：只有当温度升高而引起增加的反应速率超过因燃料消耗而减小的反应速率时，系统才会实现着火。只要反应物浓度足够大，初始温度比较高，即使初始时反应速率很小，经历一段时间后反应速率就会不断增加而导致着火。反之，则不会着火。

（2）有散热条件闭口体系的热自燃着火条件分析。有散热条件闭口体系如图 8-3 所示，其自燃着火分析的假设条件如下：

1）密闭容器体积为 V，表面积为 S，壁面温度为 T_0 不变，容器内气体与壁面的换热系数 h 不变，混合气初始温度为 T_0；

2）容器内可燃混合物浓度 C，温度 T 均匀；

3）着火前由于反应速度很低，不计由反应引起浓度的变化，但温度由 T_0 变为 T。

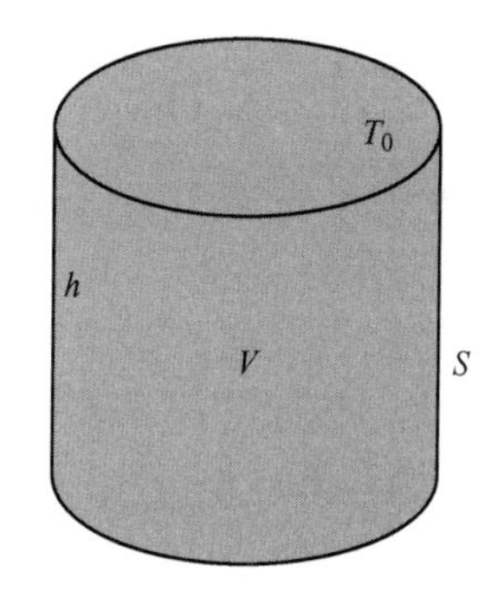

图 8-3 有散热条件闭口体系示意图

在有散热的条件下，反应过程中闭口体系的能量平衡为

$$\rho c_V \frac{\mathrm{d}T}{\mathrm{d}t} = Q_\mathrm{f} - Q_\mathrm{s} \tag{8-14}$$

式中，c_V 为混合气的恒容比热；Q_f 为容器内单位时间单位体积可燃混合气化学反应释放的热量；Q_s 为容器内单位时间单位体积可燃混合气向周围容器以对流方式散失的热量。

容器中单位时间单位体积可燃混合气反应放热计算如下：

$$Q_\mathrm{f} = QW = QkC_\mathrm{f}^a C_\mathrm{ox}^b = Qk_0 \mathrm{e}^{-\frac{E}{RT}} C_\mathrm{f}^a C_\mathrm{ox}^b = Qk_0 \mathrm{e}^{-\frac{E}{RT}} x^n \left(\frac{p}{RT}\right)^n \tag{8-15}$$

当可燃混合气一定时，燃料的反应热 Q 以及 k_0、E、n 均为定值，当着火过程中认为混合比及容器压力 p 不变时，上式可写为

$$Q_\mathrm{f} = A\mathrm{e}^{-\frac{E}{RT}} \tag{8-16}$$

式中，A 为一常数。从式中可以看出，Q_f 只与温度 T 有关，该方程式称为放热方程。

容器中单位时间单位体积气体对外散热：

$$Q_s = \frac{hS}{V}(T - T_0) \tag{8-17}$$

由假设条件可知，Q_s 只与温度 T 和初始温度 T_0 有关，该式称为散热方程。将放热方程式和散热方程式按热量 Q 和温度 T 为坐标作图，来进行着火条件分析。将按不同的初始温度得到的一组散热曲线 Q_s 与放热曲线 Q_f 绘制在同一张图（图 8-4）上进行讨论。当初始温度为 T_{01} 时，曲线 Q_f 与 Q_s 相交于 A、B 两点；当初始温度为 T_{02} 时，曲线 Q_f 与 Q_s 相切于 C 点；而当初始温度为 T_{03} 时，曲线 Q_f 与 Q_s 在任何温度下都不相交或相切。

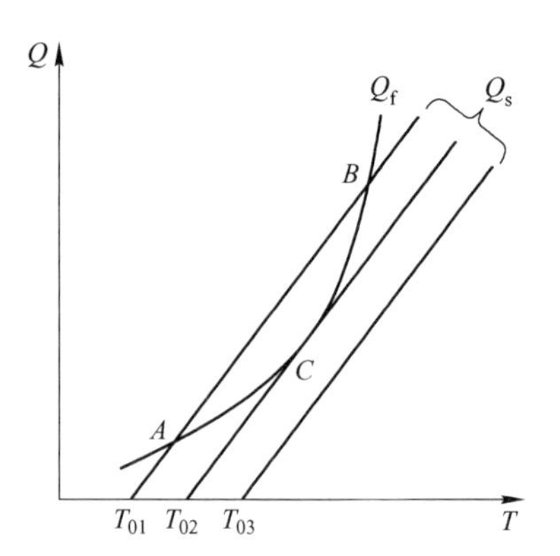

图 8-4　散热曲线 Q_s 与放热曲线 Q_f

当 $T_0 = T_{01}$ 时，Q_f 与 Q_s 相交于 A 点。当混合气温度低于 A 点温度 T_A 时，$Q_f > Q_s$，混合气被加热，温度上升；到达 A 点时，$Q_f = Q_s$，混合气保持 A 点温度 T_A。即使因某种外热使过程超过 A 点，因 $Q_f < Q_s$，系统受到冷却，重新回到 A 点，所以 A 点是一个低温稳定点。

当 $T_0 = T_{01}$ 时，如果用外部能量加热混合气，使混合气温度上升到达 B 点，若温度稍高于 T_B，由于 $Q_f > Q_s$，会使混合气反应迅速增加，导致热着火爆炸；若温度稍低于 T_B，因 $Q_f < Q_s$，系统受到冷却，重新回到 A 点，所以 B 点是一个高温不稳定点。

当 $T_0 = T_{03}$ 时，由于 T_0 很高，反应放热较多，而散热相对较弱，在任何温度范围内都有 $Q_f > Q_s$，所以混合气被不断加热，温度上升导致自燃着火。

当 $T_0 = T_{02}$ 时，曲线 Q_f 与 Q_s 相切于 C 点。当 $T < T_C$ 时，由于 $Q_f > Q_s$，混合气温度会自动上升至 T_C；在 C 点，$Q_f = Q_s$，但 C 点是不稳定的，若有微小的热扰动使温度升高，则会由于 $Q_f > Q_s$，混合气被不断加热，导致自燃着火。这时混合气的温度 T_C 称为热自燃着火温度（C 点温度如图 8-5 所示）。

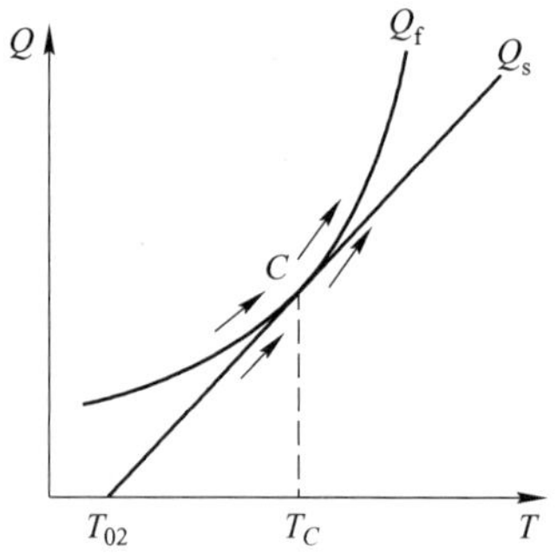

图 8-5　自燃着火温度示意图

曲线 Q_f 与 Q_s 相切是实现自燃着火的临界条件，即满足如下条件时可以实现着火燃烧。

$$\begin{cases} Q_f = Q_s \\ \dfrac{dQ_f}{dT} = \dfrac{dQ_s}{dT} \end{cases} \tag{8-18}$$

有散热条件闭口体系的热自燃着火主要受散热条件、可燃混合物初始温度及压力的影响，具体分析如下：

1）散热条件。增加混合气与器壁的对流换热系数 h，或增大单位容积的外表面积 S/V，都可改善混合气的散热条件。从图 8-6 中可以看出，散热条件由 $\left(\frac{hS}{V}\right)_2$ 变为 $\left(\frac{hS}{V}\right)_1$ 后，原来存在的自燃条件被破坏，不能实现自燃着火。散热条件的影响规律示意图如图 8-6 所示。

2）初始温度。增加混合气的初始温度，也即增加了初始状态可燃混合气的反应速度，由于反应放热增加，在散热条件不变的情况下，容易实现自燃着火。初始温度的影响规律示意图如图 8-7 所示。

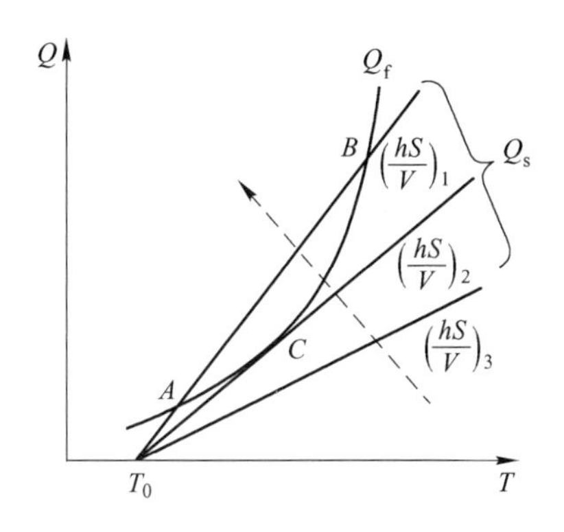

图 8-6　散热条件对热自燃着火的影响示意图

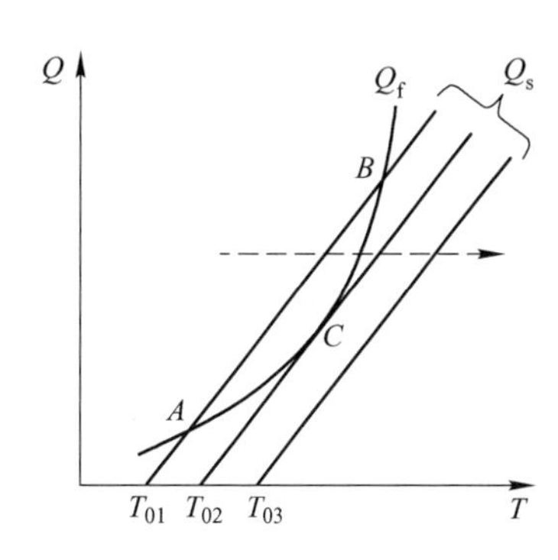

图 8-7　初始温度对热自燃着火的影响示意图

3）可燃混合气的压力。增加混合气的压力，实际上就增加了初始状态可燃混合气的反应速度，由于反应放热增加，在散热条件不变的情况下，容易实现自燃着火。压力的影响规律示意图如图 8-8 所示。

满足临界着火条件时的压力为临界压力 p_c，燃气浓度为临界浓度，临界着火温度用 T_{0c} 来代替，由热自燃临界条件可得

$$\left.\frac{dQ_f}{dT}\right|_{T=T_{0c}} = \left.\frac{dQ_s}{dT}\right|_{T=T_{0c}} \tag{8-19}$$

$$\frac{E}{RT_{0c}^2}Qk_0x_f^a x_{ox}^b e^{-\frac{E}{RT_{0c}}}\left(\frac{p_c}{RT_{0c}}\right)^n = \frac{hS}{V} \tag{8-20}$$

上式即为临界参数之间的关系，基本参数有

$$f\left(Q,\ E,\ k_0,\ n,\ \frac{hS}{V},\ p_c,\ T_{0c},\ x_f,\ x_{ox}\right) = 0 \tag{8-21}$$

当混合气确定以后，基本参数仅包括

$$f\left(\frac{hS}{V},\ p_c,\ T_{0c},\ x_f\right) = 0 \tag{8-22}$$

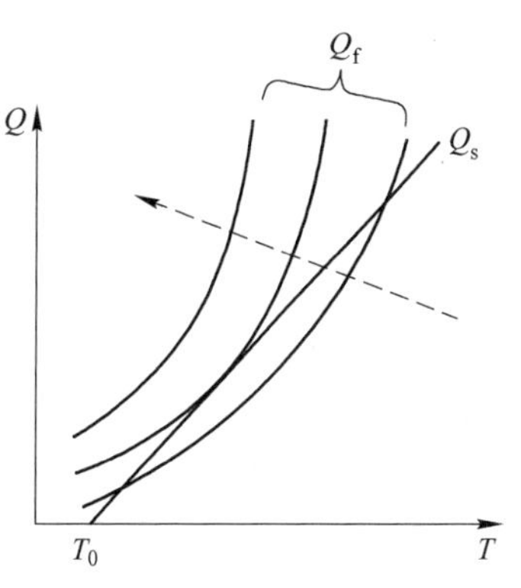

图 8-8　压力对热自燃着火的影响示意图

对于一定空燃比的混合气，当散热条件确定以后，一个临界压力 p_c 对应一个临界着火温度 T_{0c}；当压力一定时，热自燃着火温度随着散热条件的改善而提高，此时的着火临界范围如图 8-9 所示。

对于一定初始温度的混合气，当散热条件确定以后，一个临界压力 p_c 对应着一个临界着火浓度范围 $x_{f,1} \sim x_{f,2}$，在此浓度范围内能实现自燃着火，燃料浓度低于下限或高于上限均不能着火。能自燃着火的浓度范围随着散热条件的改善而缩小，此时的着火临界范围如图 8-10 所示。

对于一定初始压力的混合气，当散热条件确定以后，一个临界温度 T_{0c} 对应着一个临界着火浓度范围 $x_{f,1} \sim x_{f,2}$，在此浓度范围内能实现自燃着火，燃料浓度低于下限或高于上

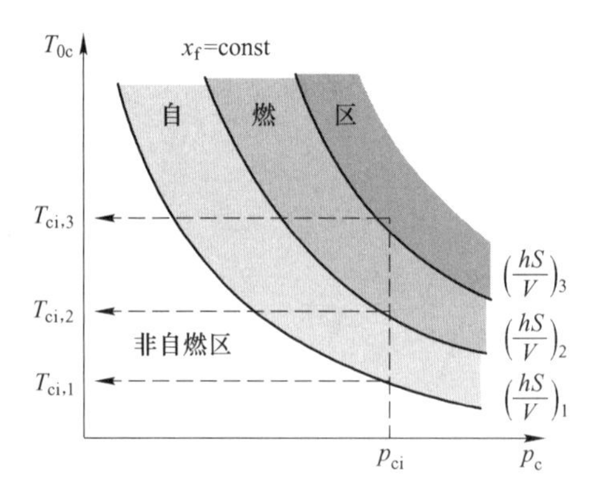

图 8-9 散热条件及浓度确定后的着火范围示意图

限均不能着火。能自燃着火的浓度范围随着散热条件的改善而缩小，此时的着火临界范围如图 8-11 所示。

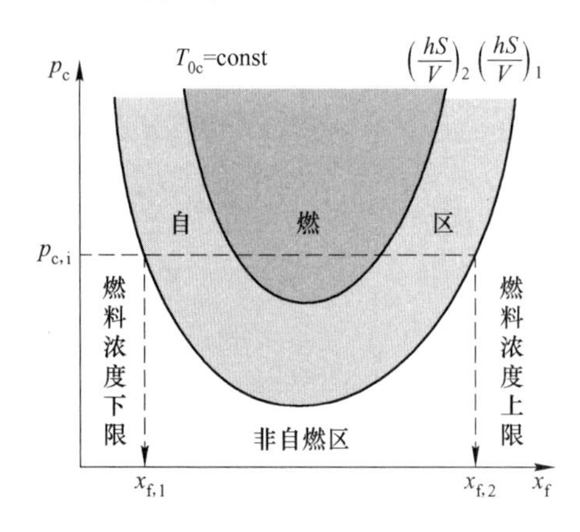

图 8-10 散热条件及温度确定后的着火范围示意图

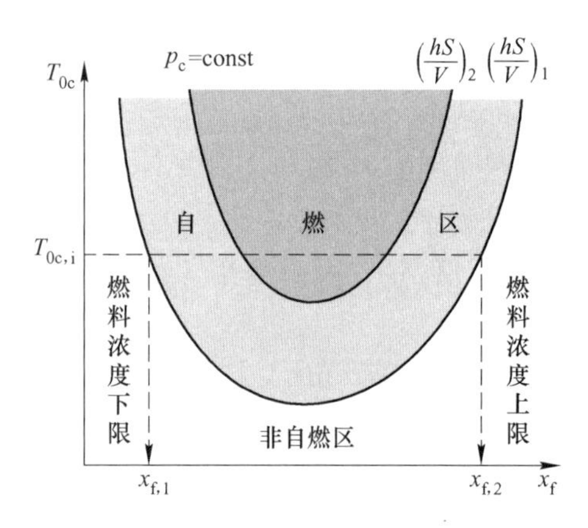

图 8-11 散热条件及压力确定后的着火范围示意图

热自燃的感应期也称为着火延迟，是指可燃混合气从满足临界着火条件的时刻开始，到出现火焰所需要的时间。假设：1）着火前温升很小，可忽略不计（即反应过程中温度用 T_0 来计算）；2）由于感应期很短，散热损失不大，可认为是绝热过程。由着火过程热平衡：

$$t_i QW = t_i Qk_0 x_f^a x_{ox}^b e^{-\frac{E}{RT_0}} \left(\frac{p}{RT_0}\right)^n = \rho c_V (T_c - T_0) \tag{8-23}$$

可以得出

$$t_i = \frac{\rho c_V (T_c - T_0)}{Qk_0 x_f^a x_{ox}^b e^{-\frac{E}{RT_0}} \left(\frac{p}{RT_0}\right)^n} \tag{8-24}$$

由上式可以看出，可燃混合物在较低的压力和初始温度下，热自燃着火的感应期会延长。

(3) 链锁自燃。链式反应自动加速并不一定依靠热量的逐渐积累使分子活化，还可以通过链式反应逐渐积累活化中心的方法使反应自动加速，导致着火燃烧。

活化中心的增长主要由热运动和链锁反应的链分支结果引起。活化中心的销毁依靠活化中心与稳定分子碰撞或与器壁相碰，这些碰撞都会使活化中心失去能量而变为稳定的中性分子，活化中心的销毁与压力有关。

假设 W_0 为由于热的作用而生成活化中心的速度，$W_1=fn$ 为链分支速度，$W_2=gn$ 为链中断速度。其中 f 为由于链分支生成新的活化中心的常数，与压力 p 无关；g 为链中断反应常数，与压力 p 有关；n 为活化中心的分子浓度。由此可列出活化中心增值速度计算式：

$$\frac{\mathrm{d}n}{\mathrm{d}t}=W_0+W_1-W_2=W_0+fn-gn=W_0+\phi n \tag{8-25}$$

由上式可以看出，链分支引起活化中心增长的速度高于销毁速度，即 $W_1>W_2$，也即 $f>g$，反应将自动加速，导致自燃着火；若 $W_1<W_2$，即 $f<g$，则不会引起自燃着火；当 $W_1=W_2$，即 $f=g$，这时反应将处于临界状态，因此可规定为自燃着火的临界条件，等温条件下链式反应速率随时间的变化关系如图 8-12 所示。

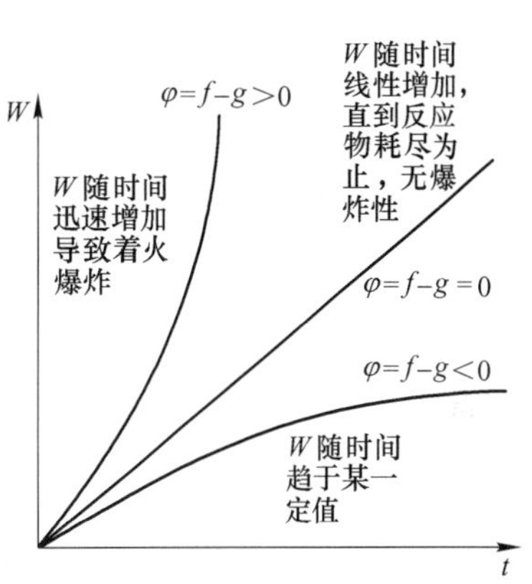

图 8-12 等温条件下链式反应速率随时间的变化

链锁自燃着火界限除了分析链式反应的影响外，还需要考虑热自燃的相关理论。链锁自燃在温度较低时不论压力多高都不能自燃，温度较高时甚至在很低的压力下也能自燃；在一定温度（如 $T_{c,i}$）下压力为 $p_a \sim p_b$ 内有一个着火半岛（曲线 amb）（以氢气和氧气的反应为例，如图 8-13 所示）；压力较高时出现第三自燃界限，可用热自燃理论来说明。

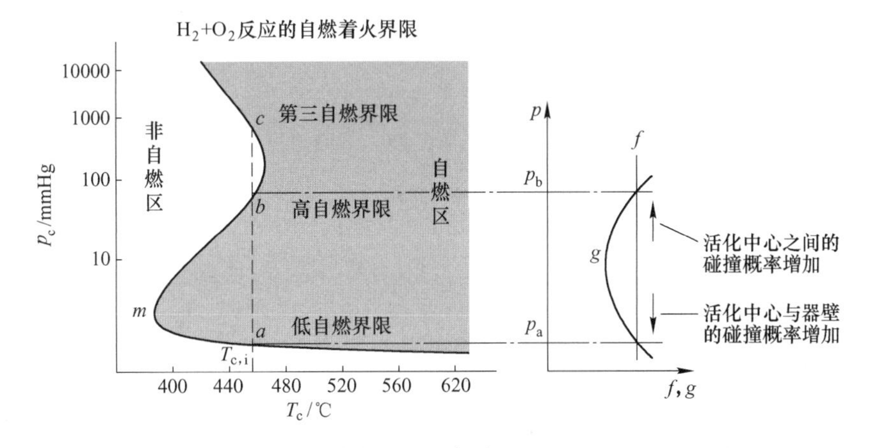

图 8-13 链锁自燃着火界限示意图（1mmHg=133.3224Pa）

8.2 开口体系中预混可燃气的自燃着火、燃烧与熄灭

开口体系物理模型如图 8-14 所示，开口体系中预混可燃气的自燃着火、燃烧与熄灭研究假设条件如下：

（1）零维模型，即容器内各参数均匀分布；

（2）容器为绝热，对外无散热损失；

（3）燃烧化学反应为一级反应。

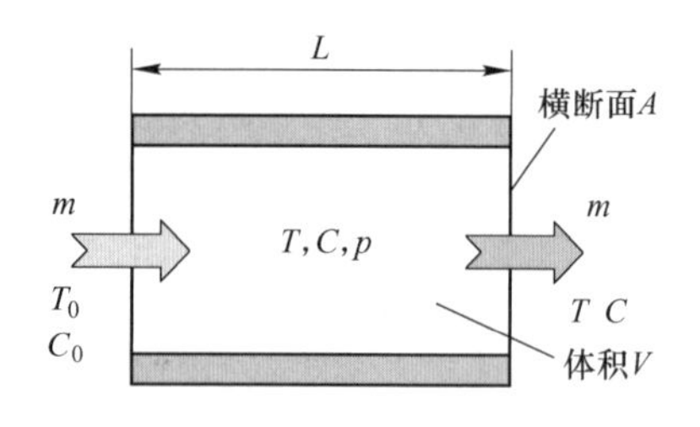

图 8-14　开口体系预混燃烧物理模型示意图

进入开口体系可燃气的质量流量为 m，温度为 T_0，浓度为 C_0，经过燃烧后，温度为 T，浓度为 C。分析时取无量纲参数进行分析，可得：

（1）无量纲放热率，即为 1m^3 可燃气体经化学反应后已转变为热量的部分能量与可燃气体所具有的化学能之比，其计算式如下：

$$\varepsilon_1 = \frac{C_0 - C}{C_0} \tag{8-26}$$

（2）无量纲吸热率，即为 1m^3 燃烧产物所吸收的热量与可燃气体所具有的化学能之比，其计算式如下：

$$\varepsilon_2 = \frac{\rho c_\text{p}(T - T_0)}{C_0 Q} \tag{8-27}$$

（3）无量纲停留时间，为可燃气在容器中停留时间与进行化学反应所需时间之比，其计算式如下：

$$\tau_\text{fc} = \frac{\tau_\text{f}}{\tau_\text{c}} \tag{8-28}$$

其中，$\tau_\text{f} = \dfrac{L}{u} = \dfrac{V/A}{m/(\rho A)} = \dfrac{\rho V}{m}$，$\tau_\text{c} = \dfrac{1}{k_0}$。

（4）无量纲温度，其计算公式如下：

$$\theta = \frac{RT}{E} \tag{8-29}$$

（5）无量纲发热量，其计算公式如下：

$$\psi = \frac{RC_0Q}{E\rho c_\text{p}} \tag{8-30}$$

下面分析开口体系内的热量变化情况，单位时间内可燃气在容器中放出的热量为

$$Q_1 = WQ = \frac{C_0 - C}{\tau_\text{f}}Q \tag{8-31}$$

由化学反应可知

$$Q_1 = WQ = k_0 \text{e}^{-\frac{E}{RT}}CQ = \frac{1}{\tau_\text{c}}\text{e}^{-\frac{1}{\theta}}CQ \tag{8-32}$$

联立以上两式，有

$$\frac{C_0 - C}{\tau_\text{f}}Q = \frac{1}{\tau_\text{c}}\text{e}^{-\frac{1}{\theta}}CQ \tag{8-33}$$

$$\frac{C_0 - C}{C_0} = \frac{\tau_\text{f}}{\tau_\text{c}} \times \text{e}^{-\frac{1}{\theta}} \times \frac{C}{C_0} = \frac{\tau_\text{f}}{\tau_\text{c}} \times \text{e}^{-\frac{1}{\theta}} \times \frac{C_0 - (C_0 - C)}{C_0} = \frac{\tau_\text{f}}{\tau_\text{c}} \times \text{e}^{-\frac{1}{\theta}}\left(1 - \frac{C_0 - C}{C_0}\right) \tag{8-34}$$

即

$$\varepsilon_1 = \tau_{fc} e^{-\frac{1}{\theta}}(1 - \varepsilon_1) \tag{8-35}$$

整理后可得

$$\varepsilon_1 = \frac{1}{1 + \dfrac{e^{\frac{1}{\theta}}}{\tau_{fc}}} \tag{8-36}$$

由上式可知，无量纲放热率与无量纲温度和无量纲时间的关系。

同时，由无量纲吸热率定义可知

$$\varepsilon_2 = \frac{\rho c_p (T - T_0)}{C_0 Q} = \frac{1}{\dfrac{C_0 Q}{\rho c_p}}\left(\frac{E\theta}{R} - \frac{E\theta_0}{R}\right) = \frac{1}{\dfrac{RC_0 Q}{E\rho c_p}}(\theta - \theta_0) = \frac{1}{\psi}(\theta - \theta_0) \tag{8-37}$$

可以看出，无量纲吸热率与无量纲温度和无量纲发热量有关。

以无量纲热量 ε 与无量纲温度 θ 为坐标，将 ε_1 和 ε_2 与 θ 的关系画在一张图上（图8-15）来进行可燃气的着火、燃烧与熄灭状况分析。

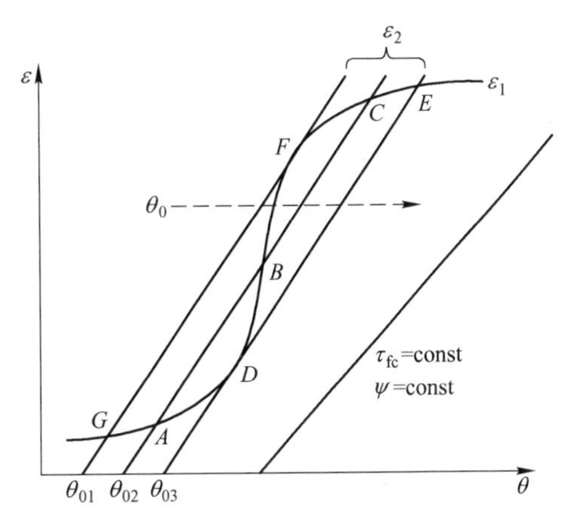

图 8-15 开口体系无量热量与无量纲温度关系示意图

当 $\theta_0 = \theta_{02}$ 时，ε_1 与 ε_2 相交于 A、B、C 三点。

A 点：下稳定点，混合气处于低温缓慢氧化状态。

B 点：不稳定点，系统温度稍有下降，混合气会冷却到 A 点；系统温度稍有上升，混合气温度会升高至 C 点。

C 点：上稳定点，燃烧温度与反应程度都很高，所以处于激烈的燃烧状态。

当 $\theta_0 = \theta_{03}$ 时，ε_1 与 ε_2 相切于 D 点，相交于 E 点。

D 点：当相对温度低于 θ_D 时，无量纲放热率大于无量纲吸热率，系统温度会上升；在 D 点，$\varepsilon_1 = \varepsilon_2$，系统温度略高于 θ_D，就会导致着火燃烧。因此，D 点是一个临界着火点。

E 点：处于激烈的燃烧状态，其温度水平和热量水平均高于 C 点。

着火燃烧发生后，随着初始无量纲温度下降，燃烧仍可进行，只有当 $\theta_0 = \theta_{01}$ 时，系统进入 F 点，$\varepsilon_1 = \varepsilon_2$，温度稍有降低，燃烧就会熄灭，因此，$F$ 点是临界熄灭点，燃烧熄灭后，系统冷却至 G 点，处于缓慢的氧化状态。

因此，一旦可燃混合气着火燃烧后，熄灭要在比着火时更加不利的条件下才会发生。着火与熄灭的临界条件为

$$\begin{cases} \varepsilon_1 = \varepsilon_2 \\ \dfrac{d\varepsilon_1}{d\theta} = \dfrac{d\varepsilon_2}{d\theta} \end{cases} \tag{8-38}$$

开口体系的预混自燃除了受到初始温度的影响外，还受到无量纲时间、无量纲发热量及散热条件的影响，下面进行详细说明。

（1）延长无量纲时间有利于着火和燃烧，即降低流速，延长炉长，加快反应速度，都对着火和燃烧有利；着火所需无量纲时间大于熄灭时无量纲时间，也即熄灭是在更为不利的条件下才会发生，无量纲时间的影响规律示意图如图 8-16 所示。

（2）增加无量纲发热量有利于着火和燃烧，即发热量高的燃料比发热量低的燃料更有利于着火和燃烧；着火所需无量纲发热量大于熄灭时无量纲发热量，也即熄灭是在比着火时更为不利的条件下才会发生，无量纲发热量的影响规律示意图如图 8-17 所示。

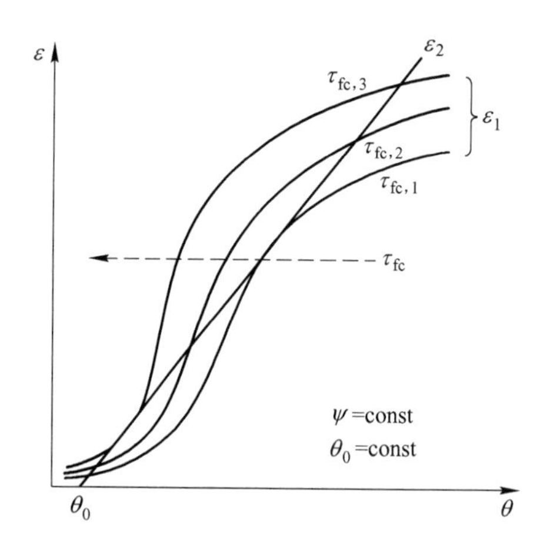

图 8-16　无量纲时间的影响规律示意图

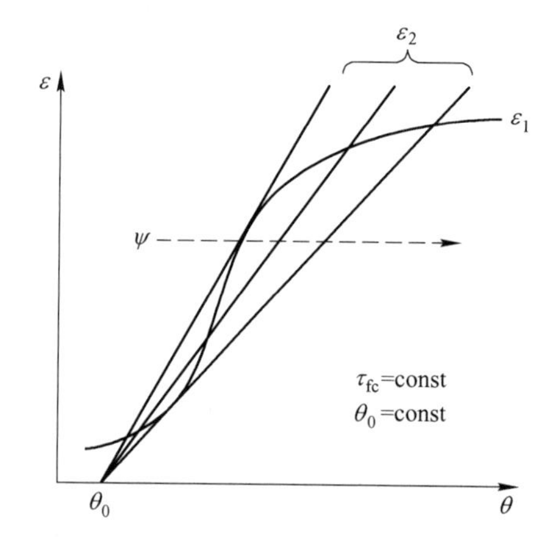

图 8-17　无量纲发热量的影响规律示意图

（3）如果体系不是绝热的，火焰对外有辐射传热，对外辐射越强，着火越困难，温度与热量水平均有所降低，散热条件的影响规律示意图如图 8-18 所示。

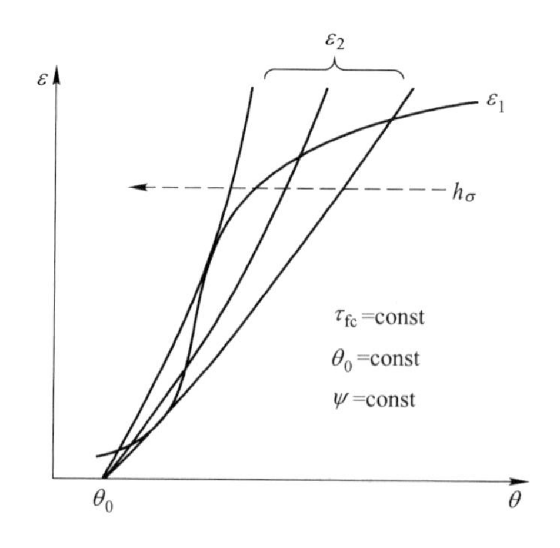

图 8-18　散热条件的影响规律示意图

8.3 点燃条件分析

在工业炉燃烧技术中，使可燃混合物进行着火燃烧的方式是采用强制点火。用来点火的热源可以是小火焰、高温气体、炽热的物体或电火花等。就本质来说，点火和自燃着火一样，都有燃烧反应的自动加速过程。不同的是，点火时先是一小部分可燃混合物着火，然后靠燃烧（火焰前沿）的传播，使可燃混合物的其余部分达到着火燃烧。

点火过程的基本概念可用图 8-19 说明。设某一容器内装有可燃混合物。器壁的某一部分作为点火热源，其温度不断升高。当温度升高到 T_1 时，假若容器中是惰性气体，该段容器壁附近的温度分布为 T_1A_1。实际上容器内为可燃气体，由于反应放热的结果，使其温度分布为 $T_1A'_1$。当器壁温度继续升高至 T_2 时，若在惰性气体中有 T_2A_2 的温度分布，则在可燃气体中可达到 $T_2A'_2$ 的分布。这个分布的特点是相应于一定的 T_2 值时，反应速度加快到一定程度，致使靠近表面的温度分布不再下降。温度超过 T_2，即达到 T_3 时，靠近表面处的反应速度则迅速加快，温度迅速升高，达到着火。接着相邻的气体温度也急剧升高而着火，这样下去，使整个容器内实现着火。

在这种点火过程中，T_2 便是一个临界温度。点火热源的温度超过 T_2，便会引起着火。该临界温度便称为“点火温度”。

即点火的临界条件为

$$\left[\frac{\mathrm{d}T}{\mathrm{d}x}\right]_{x=0} = 0 \tag{8-39}$$

式中，x 为热源表面法线方向上的距离。该式表明，当热源表面达到点火温度时，表面处的温度梯度为零，热源不再向可燃混合物传热，此后的着火过程的进行将与热源无关，而将取决于可燃混合物的性质和对外界的散热条件。

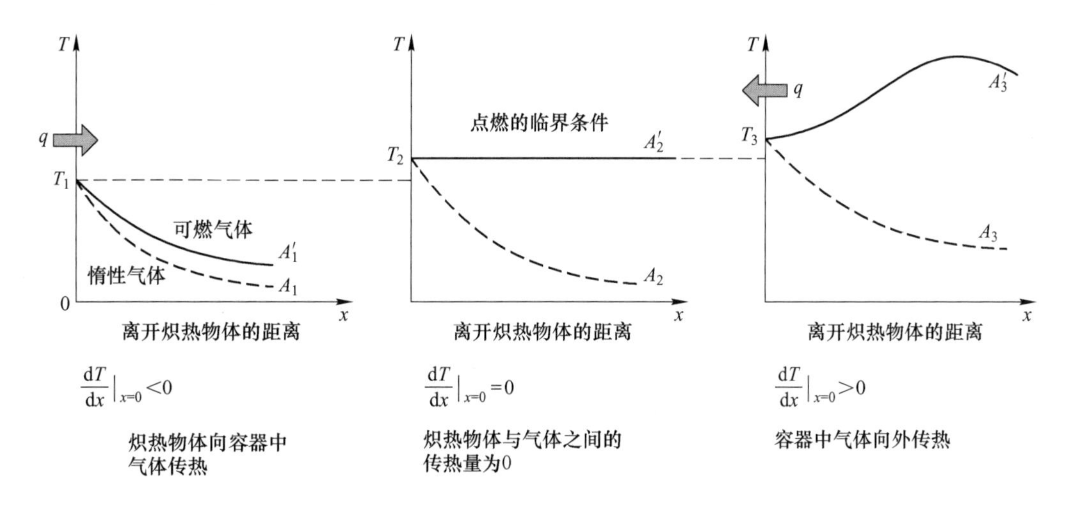

图 8-19　点火过程的基本概念示意图

点火温度与前述的自燃着火温度在概念上有相似之处，即均指可以实现着火的最低温度。但在数值上，点火温度往往高于着火温度，即当固体热源的表面温度达到着火温度时，可燃混合物并不一定能着火。这是因为，离开热源表面稍微远一点，温度即会下降；且由于化学反应的结果，在靠近表面处可燃物的浓度也会降低。因此即使在靠近表面处有燃烧化学反应发生，也不会迅速扩展到整个容积中去。只有当点火热源的温度更高一些，才会引起容器中发生激烈的燃烧反应而着火。

点火温度不仅与可燃混合物的性质有关，而且与点火热源的性质有关。用固体表面点火时，比表面积越小，点火温度也越高。如果固体表面对燃烧反应有触媒作用，则触媒作用越强的物质，其点火温度也越高，因为触媒作用将降低表面处可燃物的浓度。用电火花点火时，除了电火花可以产生很高的温度外，还将在局部使分子产生强烈的扰动和离子化。对于某种可燃混合物，存在着“最小电火花能量”，低于该能量，则不能实现点火。最小电火花能量的大小，与可燃混合物的成分、压力及温度有关，由实验测定。实际中还常用小火焰（小火把）进行点火。用小火焰点火时，通常是将小火焰与可燃混合物直接接触。此时，是否能够点火，取决于混合物的成分、小火焰与混合物接触的时间、小火焰的尺寸和温度，以及流动体系的紊流程度等因素，具体参数由实验确定。

除使用炽热物体、小火焰等进行点燃外，工业上也常常使用热气流对预混可燃气进行点燃。

热气流点燃物理模型示意图如图 8-20 所示。在 0—1 面上虽然温度较高，为热气流温度 T_h，但可燃气浓度 $C_{f,0}=0$，所以不会发生燃烧；而在 0—2 面上，虽然可燃气浓度为 1，但温度较低，反应很慢，所以也不会出现着火燃烧。但在 0—1 和 0—2 面之间的某个区域，由于温度和混合气浓度都比较合适，会存在一个反应区。由于反应放热，温度升高，当在 $x=x_i$ 处，出现 $\left.\frac{dT}{dr}\right|_{x=x_i}=0$，标志着着火即将发生。如果热气流温度较低，在整个 x 范围内没有着火，那么热气流就不会点燃可燃气，因此 $x_i=x_b$ 为临界点燃条件。

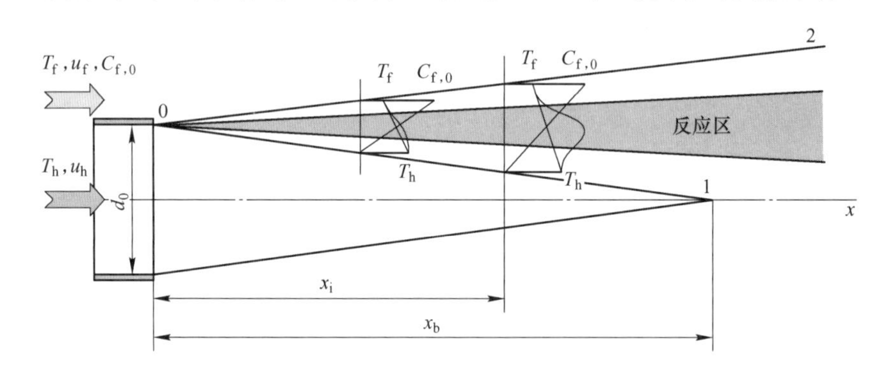

图 8-20　热气流点燃物理模型示意图

8.4　开口体系中的扩散燃烧

实际的燃烧现象是一个复杂的传热、传质和化学反应的综合过程。燃烧时间的长短取决于燃料与氧化剂之间的扩散混合、混合后可燃气的加热以及进行化学反应所需的时间。若燃料与氧化剂在燃烧前已经混合，燃烧速度就取决于化学反应速度，这时的燃烧称为预混燃烧或动力燃烧；若燃烧前，燃料与氧化剂不进行混合，而是在燃烧过程中边混合边燃烧，通常情况是燃烧速度大于扩散混合速度，因此，这时燃烧称为扩散燃烧。预混燃烧与扩散燃烧示意图如图 8-21 所示。

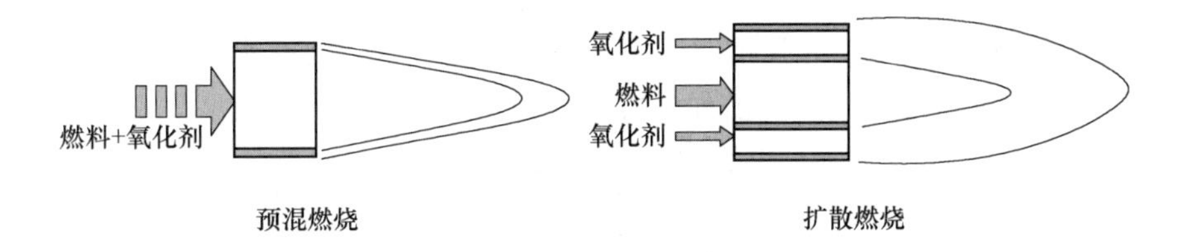

图 8-21 预混燃烧与扩散燃烧示意图

开口体系扩散燃烧物理模型示意图如图 8-22 所示，燃烧过程假设条件如下：

（1）燃烧为完全扩散燃烧；

（2）开口体系对外无散热。

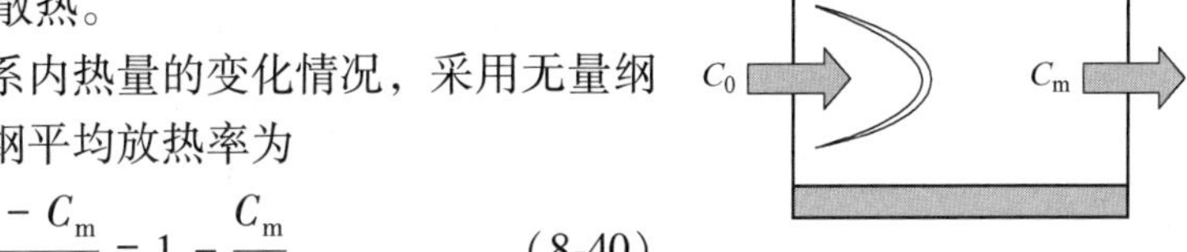

图 8-22 开口体系扩散燃烧物理模型示意图

燃烧过程主要分析体系内热量的变化情况，采用无量纲参数进行分析。此时无量纲平均放热率为

$$\varepsilon_1 = \frac{C_0 - C_m}{C_0} = 1 - \frac{C_m}{C_0} \tag{8-40}$$

式中，C_0 为可燃气体初始浓度；C_m 为开口容器中可燃物平均浓度；若 $C_m = C_0$，$\varepsilon_1 = 0$，则没有燃烧；若 $C_m = 0$，$\varepsilon_1 = 1$，则燃烧完全。

体系中总燃烧反应速度仍以单位时间内浓度的变化来表示：

$$W = \frac{C_0 - C_m}{\tau_f} \tag{8-41}$$

这时扩散燃烧的放热量为

$$Q_1 = WQ = \frac{C_0 - C_m}{\tau_f} \times Q \tag{8-42}$$

由于是扩散燃烧，燃烧反应速度取决于反应物的扩散。扩散速度与浓度差成正比，与扩散时间成反比，即

$$W = \frac{C_m - C}{\tau_d} \tag{8-43}$$

式中，C 为燃烧带可燃气的浓度，在完全扩散燃烧的条件下 $C = 0$；τ_d 为扩散所需时间。由以上两式，有

$$\frac{C_0 - C_m}{\tau_f} = \frac{C_m - C}{\tau_d} = \frac{C_m}{\tau_d} \tag{8-44}$$

$$\varepsilon_1 = \frac{C_0 - C_m}{C_0} = \frac{\tau_f}{\tau_d} \times \frac{C_m}{C_0} = \frac{\tau_f}{\tau_d}\left(\frac{C_0}{C_0} - \frac{C_0 - C_m}{C_0}\right) = \tau_{fd}(1 - \varepsilon_1) \tag{8-45}$$

即

$$\varepsilon_1 = \frac{1}{1 + \frac{1}{\tau_{fd}}} \tag{8-46}$$

从上式可以看出，无量纲平均放热率与温度无关，只取决于停留时间与扩散时间的比值 τ_{fd} 。从图 8-23 可以看出，无量纲时间对无量纲放热率有较大影响。因此延长燃烧室长度，降低气流速度，强化气流混合过程都可以提高扩散燃烧的完全程度。

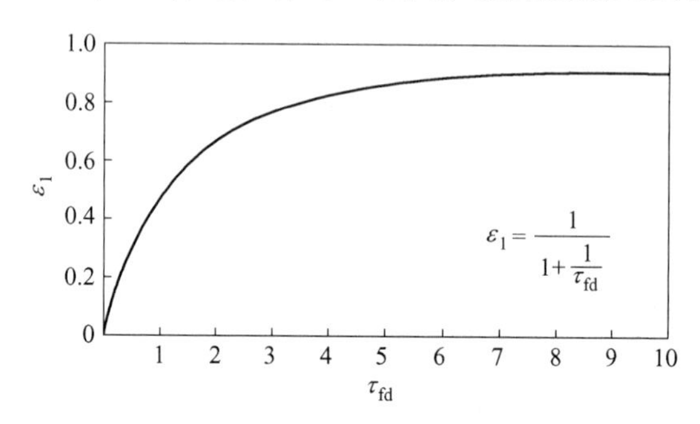

图 8-23 无量纲时间对无量纲放热率影响规律示意图

无量纲吸热率表达如下：

$$\varepsilon_2 = \frac{\rho c_p(T - T_0)}{C_0 Q} = \frac{1}{\frac{C_0 Q}{\rho c_p}}\left(\frac{E\theta}{R} - \frac{E\theta_0}{R}\right) = \frac{1}{\frac{RC_0 Q}{E\rho c_p}}(\theta - \theta_0) = \frac{1}{\psi}(\theta - \theta_0) \tag{8-47}$$

以无量纲热量 ε 与无量纲温度 θ 为坐标,将 ε_1 和 ε_2 与 θ 的关系画在一张图上（图 8-24）来进行开口体系中的扩散燃烧状态分析。

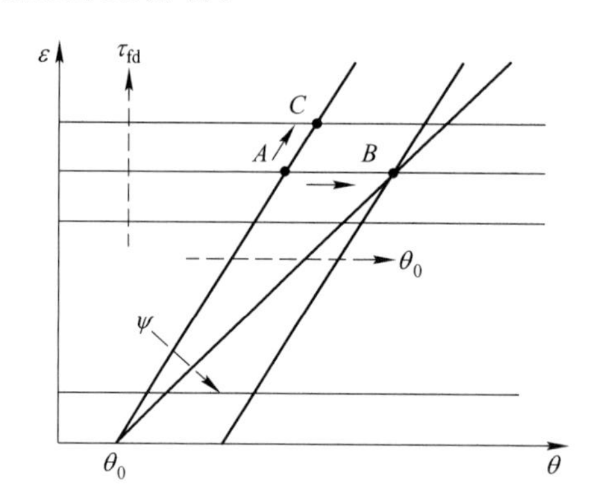

图 8-24 开口体系扩散燃烧无量纲热量示意图

ε_1 与 ε_2 只相交于一点，即开口体系中的扩散燃烧总存在着一个稳定点，而无临界点。

当 ε_1 一定时，燃烧的温度水平取决于 ε_2，提高无量纲发热量，或提高气流的无量纲初始温度，都可以提高燃烧温度。

当 ε_2 一定时，延长燃烧室长度，降低气流流速以及加强混合都可以同时提高燃烧的燃尽程度和燃烧温度。

本章讨论了纯动力燃烧和纯扩散燃烧的着火过程和燃烧稳定状态。实际上，如果燃烧过程位于中间燃烧区域，那么着火过程和稳定性状态的影响因素将包括温度、发热量、反应速度、混合（扩散）速度、燃烧室尺寸以及气流速度等各种因素。如果有热交换过程，那么还应该估计到热交换因素的影响。总之，按照上述热力理论分析，可以得到燃料的着火过程、着火的临界条件和稳定水平等信息。

9 火焰传播

本章要点

(1) 掌握火焰传播的概念及层流火焰传播速度的理论推导式及本生灯测量层流火焰传播速度计算式；

(2) 了解层流火焰传播速度主要影响因素及湍流火焰传播理论。

燃烧的火焰前沿面向着未燃混合气体方向移动的过程，就是火焰的传播过程，这是一种化学反应和传热传质相互作用的复杂过程，本章将从火焰传播的概念入手，重点研究层流及湍流火焰的传播过程。

9.1 火焰传播的概念

可做一个简单的试验。在一个水平的管子中，装入可燃混合物，管子一端为开口，另一端闭口，在开口端用一个平面点火热源（如电热体）进行点火（图 9-1）。这时可以观察到，在靠近点火热源处，可燃混合物先着火，形成一层正在燃烧的平面火焰。这一层火焰以一定的速度向管子另一端移动，直至另一端头，并把全部可燃混合物燃尽。

这一层正在燃烧着的气体便称为“燃烧前沿面”，也简称燃烧前沿（火焰前沿）。

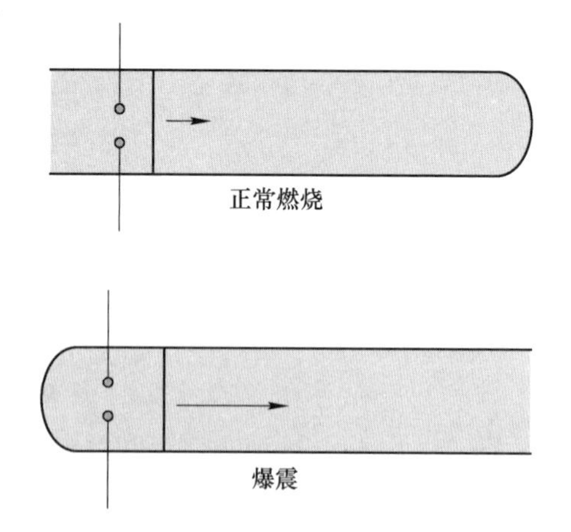

图 9-1 正常燃烧及爆震状况

为什么管子的一端点火之后，整个管子中的可燃混合物都会烧掉呢？这是因为靠近点火热源的一层气体被点火热源加热到着火温度进行燃烧反应之后，该层气体燃烧放出的热量，必将通过传热方式使相邻的一层可燃混合物气体温度升高而达到着火温度并开始燃烧。新的燃烧着的一层气体又会使另一层相邻的气体加热，使之着火燃烧。这样，一层一层地加热、着火、燃烧，最终使管内的可燃混合物全部烧完。在新鲜可燃混合物和燃烧产物之间，是一层正在燃烧的气体，即燃烧前沿。宏观看来，管内的可燃混合物由一端点火后能一直烧到另一端，正是燃烧前沿由一端“传播”到了另一端。

在上述燃烧前沿的传播过程中，燃烧前沿与新鲜的可燃混合物及燃烧产物之间进行着热量交换和质量交换。这种靠传热和传质的作用使燃烧前沿向前传播的过程，称为“正常燃烧”或“缓燃”。这一命名主要是为了与“爆震”相区别。假若在前面的试验中，由管子的闭口端点火（图9-1），且管子相当长，那么燃烧前沿在移动5~10倍管径的距离后，便明显开始加速，最后形成一个速度很大的（达每秒几公里）高速波，这就是爆震波。爆震波的传播是靠气体膨胀而引起的压力波的作用，这种燃烧过程称为“爆震”。正常燃烧属于稳定态燃烧，爆震属于不稳定态燃烧。正常燃烧时，燃烧前沿的压力变化不大，可视为等压过程。正常燃烧时燃烧前沿的传播速度比爆震波要小得多，一般只有每秒几米到十几米。一般工业炉燃烧室中都是稳定的正常燃烧过程。

实际燃烧室中，可燃混合物不像前面实验中那样是静止的，而是连续流动的。并且，火焰的位置应该稳定在燃烧室之中，也就是说，燃烧前沿应该驻定而不移动。这一状态是靠建立气流速度和燃烧前沿传播速度之间的平衡关系来实现的。如图9-2所示，如果可燃混合物经一管道流动，其速度分布沿断面是均匀的，点火后可形成一个平面的燃烧前沿。设气流速度为U_n，燃烧前沿的速度为S；S与U_n的方向相反。燃烧前沿对管壁的相对位移有三种可能的情况。

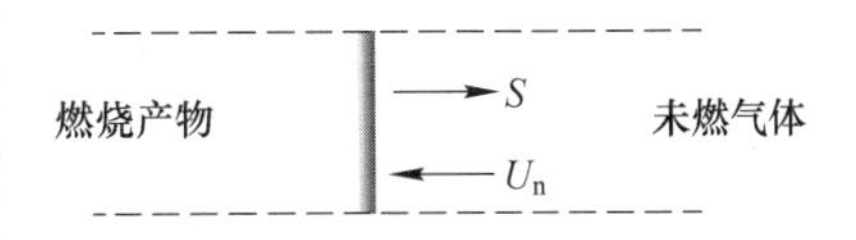

图9-2　燃烧前沿传播示意图

（1）如果$|S|>|U_n|$，则燃烧前沿向气流上游方向移动。

（2）如果$|S|<|U_n|$，则燃烧前沿向下游移动。

（3）如果$|S|=|U_n|$，则燃烧前沿便驻定不动。

此时，火焰传播速度S的计算式如下：

$$S = U_p \pm U_n \tag{9-1}$$

式中，S为火焰传播速度；U_p为相当于观察者火焰前沿移动速度；U_n为未燃气体流动速度。火焰传播方向与未燃气流流动方向相反时，取“+”；相同时取“-”。

火焰前沿厚度很薄，可燃气体经过这个薄层放出热量，生成产物。由此可知，火焰前沿内部进行着强烈的热量和质量的交换，快速的化学反应，经历加热、着火、燃烧直到燃尽的物理和化学反应过程。其温度、组分、密度、气流速度以及反应速度在空间上都有巨大的变化。

9.2　层流火焰传播速度的计算

计算层流火焰传播速度（S_L）的物理模型示意图如图9-3所示，假设条件如下：

（1）流动为平面一维；

（2）化学反应只在高温区进行；

（3）忽略辐射传热和火焰面对管壁的传热。

该层流燃烧过程的连续方程为

$$\rho u = \rho_0 u_0 = \rho_f u_f = m = \rho_0 S_L \tag{9-2}$$

动量方程：

$$p = \text{const} \tag{9-3}$$

能量方程：在火焰面中取厚度为Δx的微元层，其横截面积为1。考虑对流、导热及化学反应放热的综合影响。对于稳定的火焰传播，在微元层（Δx）内没有热量积累，所

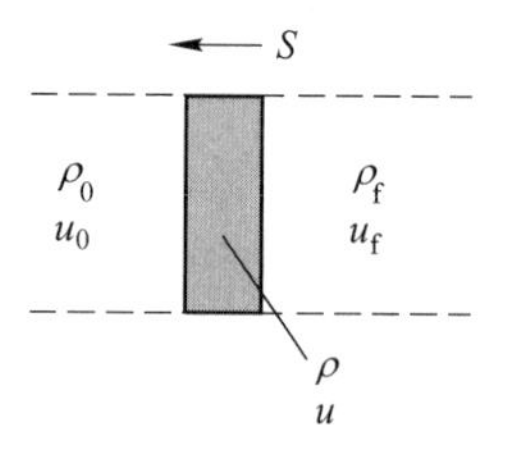

图 9-3 层流火焰传播速度物理模型示意图

以对流与导热的净增量应等于化学反应的放热量（微元层能量传递过程示意图如图 9-4 所示）。能量方程如下：

$$\rho uc_{\rm p}\left(T+\frac{{\rm d}T}{{\rm d}x}\Delta x\right)-\rho uc_{\rm p}T+\left[-\lambda\frac{\rm d}{{\rm d}x}\left(T+\frac{{\rm d}T}{{\rm d}x}\Delta x\right)-\left(-\lambda\frac{{\rm d}T}{{\rm d}x}\right)\right]=W_{\rm s}Q_{\rm s}\Delta x \qquad (9\text{-}4)$$

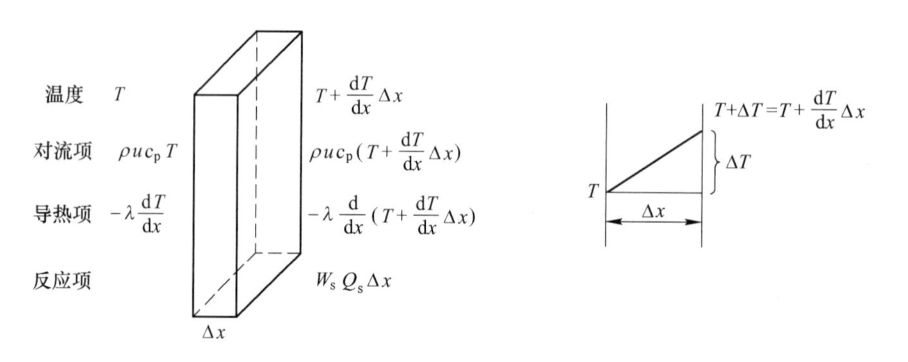

图 9-4 微元层能量传递过程示意图

将能量方程整理后可得

$$\lambda\frac{{\rm d}^2T}{{\rm d}x^2}-\rho uc_{\rm p}\frac{{\rm d}T}{{\rm d}x}+W_{\rm s}Q_{\rm s}=0 \qquad (9\text{-}5)$$

将连续方程代入能量方程，即可得到层流火焰传播方程：

$$\lambda\frac{{\rm d}^2T}{{\rm d}x^2}-\rho_0S_{\rm L}c_{\rm p}\frac{{\rm d}T}{{\rm d}x}+W_{\rm s}Q_{\rm s}=0 \qquad (9\text{-}6)$$

式中，λ 和 $c_{\rm p}$ 为混合气的平均导热系数和平均比热容；$W_{\rm s}$、$Q_{\rm s}$ 为以反应物 s 表示的反应速率和反应放热量。

我们的任务是找出层流火焰传播速度 $S_{\rm L}$ 与可燃气的燃烧反应动力学因素及相关的物理化学性质的关系。理论上求解层流火焰传播方程，即可得到 $S_{\rm L}$ 的具体表达式，但这个微分方程包含一个具有复杂指数形式的非奇次项，所以实际上的数学求解是极为困难的。因此，许多学者根据实际情况，建立了各自的简化模型，得到了层流火焰传播速度的表达式，其中比较著名的是 Zeldovich-Frank 和 Kamenetsky 所建立的两区近似解模型（物理模型如图 9-5 所示）。该模型的假设条件如下：

（1）将层流火焰前沿分为两个区：预热区和反应区；

（2）在预热区中，认为反应是冻结的，忽略化学反应的影响，能量方程中反应项 $W_{\rm s}Q_{\rm s}=0$；

(3) 在反应区中，认为反应很激烈，温度接近火焰温度，并且温度梯度很小，因此，能量方程中对流项可以忽略，$\rho u c_p \dfrac{dT}{dx} = 0$，即认为对流与化学反应相比是次要的。

在以上假设的基础上，就可以分别对预热区和反应区的能量方程进行求解。

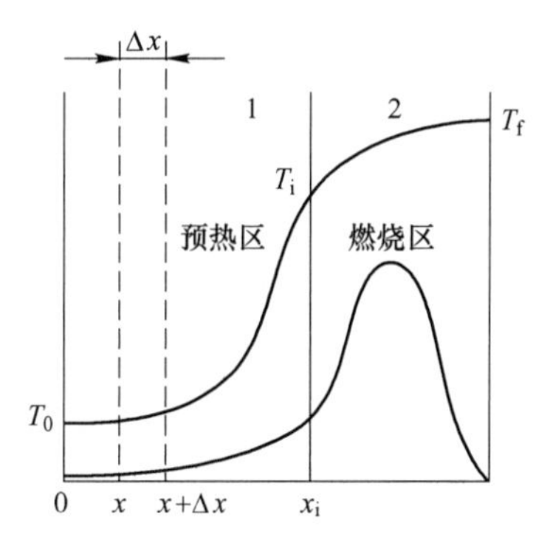

图 9-5 两相区模型示意图

在预热区，能量方程可写为

$$\lambda \frac{d^2T}{dx^2} - \rho u c_p \frac{dT}{dx} = 0 \tag{9-7}$$

边界条件：$x = x_i$，$T = T_i$；$x = -\infty$，$T = T_0$，$\dfrac{dT}{dx} = 0$。

对能量方程积分一次，有

$$\frac{dT}{dx} = \frac{\rho u c_p}{\lambda} T + C \tag{9-8}$$

由边界条件：$x = -\infty$，$T = T_0$，$\dfrac{dT}{dx} = 0$，可得：$C = -\dfrac{\rho u c_p}{\lambda} T_0$。

所以着火处（预热区侧）的温度梯度为

$$\left(\frac{dT}{dx}\right)_{T=T_i,\ 1} = \frac{\rho u c_p}{\lambda}(T_i - T_0) \tag{9-9}$$

在反应区，能量方程可写为

$$\lambda \frac{d^2T}{dx^2} + W_s Q_s = 0 \tag{9-10}$$

边界条件：$x = +\infty$，$T = T_f$，$\dfrac{dT}{dx} = 0$；$x = x_i$，$T = T_i$。

由于 $\dfrac{d^2T}{dx^2} = \dfrac{d}{dx}\left(\dfrac{dT}{dx}\right) = \dfrac{dT}{dx} \times \dfrac{d}{dT}\left(\dfrac{dT}{dx}\right) = \dfrac{1}{2} \times \dfrac{d}{dT}\left[\left(\dfrac{dT}{dx}\right)^2\right]$，所以，反应区能量方程 $\lambda \dfrac{d^2T}{dx^2} + W_s Q_s = 0$ 可写为

$$\frac{1}{2} \times \frac{d}{dT}\left[\left(\frac{dT}{dx}\right)^2\right] = -\frac{Q_s W_s}{\lambda} \tag{9-11}$$

即

$$\frac{d}{dT}\left[\left(\frac{dT}{dx}\right)^2\right] = -\frac{2Q_s W_s}{\lambda} \tag{9-12}$$

从 T_i 到 T_f 积分，有

$$\left(\frac{dT}{dx}\right)^2_{T=T_f} - \left(\frac{dT}{dx}\right)^2_{T=T_i} = \int_{T_i}^{T_f}\left(-\frac{2Q_s W_s}{\lambda}\right) dT = -\frac{2Q_s}{\lambda}\int_{T_i}^{T_f} W_s dT \tag{9-13}$$

因为 $\left(\dfrac{dT}{dx}\right)_{T=T_f} = 0$，所以着火处（反应区侧）的温度梯度为

$$\left(\frac{\mathrm{d}T}{\mathrm{d}x}\right)_{T=T_i,2}=\sqrt{\frac{2Q_s}{\lambda}\int_{T_i}^{T_f}W_s\mathrm{d}T} \tag{9-14}$$

在预热区与反应区的连接处，由于温度的连续并且光滑分布，所以在 $T=T_i$ 处有

$$\left(\frac{\mathrm{d}T}{\mathrm{d}x}\right)_{T=T_i,1}=\left(\frac{\mathrm{d}T}{\mathrm{d}x}\right)_{T=T_i,2} \tag{9-15}$$

即

$$\frac{\rho u c_p}{\lambda}(T_i-T_0)=\sqrt{\frac{2Q_s}{\lambda}\int_{T_i}^{T_f}W_s\mathrm{d}T} \tag{9-16}$$

由连续方程，有

$$\rho_0 S_L=\rho u=\frac{\lambda}{c_p(T_i-T_0)}\sqrt{\frac{2Q_s}{\lambda}\int_{T_i}^{T_f}W_s\mathrm{d}T}=\sqrt{\frac{2\lambda Q_s}{c_p^2(T_i-T_0)^2}\int_{T_i}^{T_f}W_s\mathrm{d}T} \tag{9-17}$$

对上式的积分项做如下近似处理（示意图如图 9-6 所示）：

（1）由假设条件，在反应区 $T_i\approx T_f$，则（T_i-T_0）可近似写为（T_f-T_0）；

（2）在预热区 $W_s\approx 0$，故 W_s 的积分下限 T_i 可近似取为 T_0；

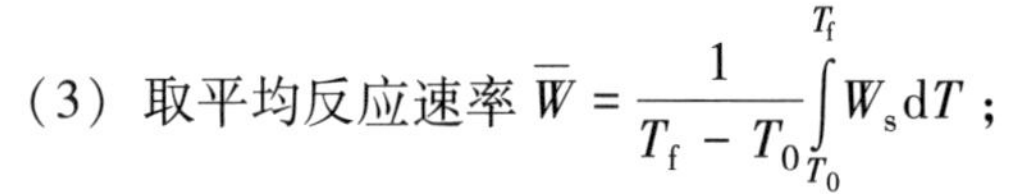

（3）取平均反应速率 $\overline{W}=\frac{1}{T_f-T_0}\int_{T_0}^{T_f}W_s\mathrm{d}T$；

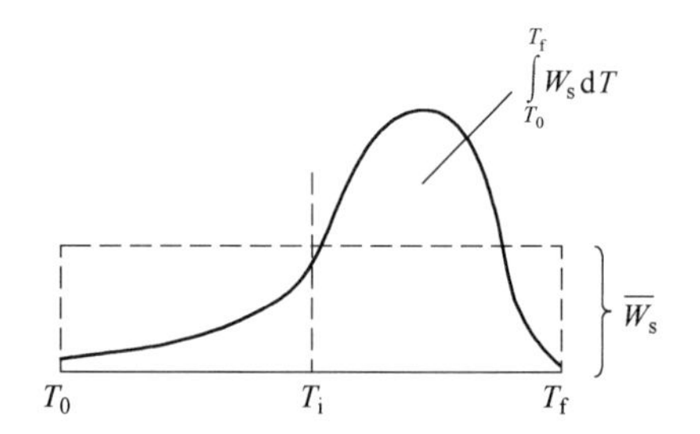

图 9-6 反应速率积分项处理示意图

同时，由热平衡可知，反应放热应等于燃烧产物从 T_0 升温至 T_f 所得到的热焓，可得

$$C_{f,0}Q_s=c_p\rho_0(T_f-T_0) \tag{9-18}$$

即

$$\frac{Q_s}{T_f-T_0}=\frac{c_p\rho_0}{C_{f,0}} \tag{9-19}$$

由以上假设可得

$$\begin{aligned}S_L&=\sqrt{\frac{2\lambda Q_s}{\rho_0^2c_p^2(T_f-T_0)^2}\int_{T_0}^{T_f}W_s\mathrm{d}T}=\sqrt{\frac{2\lambda Q_s\overline{W_s}}{\rho_0^2c_p^2(T_f-T_0)}}=\sqrt{\frac{2\lambda\overline{W_s}}{\rho_0c_pC_{f,0}}}\\&=\sqrt{2\times\frac{\lambda}{c_p\rho_0}\times\frac{\overline{W_s}}{C_{f,0}}}=\sqrt{\frac{2a}{\overline{\tau}}}\end{aligned} \tag{9-20}$$

式中，$a=\frac{\lambda}{c_p\rho_0}$ 为热扩散率；$\overline{\tau}=\frac{C_{f,0}}{\overline{W_s}}$ 为平均反应时间。

从上式可以得出结论：层流火焰传播速度仅取决于可燃气的物理化学性质。

9.3 层流火焰传播速度的测定方法

由于层流火焰传播速度的影响因素较多，所以实际的火焰传播速度更多的是由实验方法来测定。根据测定时火焰前沿是否移动，可将实验方法分为移动火焰法和驻定火焰法两类。

移动火焰法主要包括圆管法、肥皂泡法、密封球弹法等；驻定火焰法主要包括本生灯法、颗粒示踪法、平面火焰法、直管法等。

(1) 肥皂泡法。将可燃气注入肥皂泡中（肥皂泡示意图如图 9-7 所示），在中央点火，此时火焰前沿呈球形扩展。用摄影机记录火焰前沿移动的轨迹，以得到可见光传播速度 $\frac{\mathrm{d}r}{\mathrm{d}\tau}$，由于燃烧产物的等压膨胀而引起的气体移动会进一步推动火焰前沿的移动，因此必须将实测的可见光传播速度加以修正，才是真实的火焰传播速度。

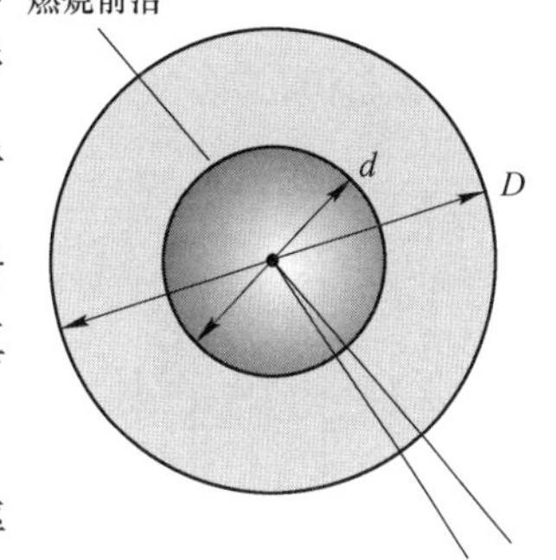

图 9-7 肥皂泡示意图

火焰传播速度为：$S_L = \frac{1}{\alpha} \times \frac{\mathrm{d}r}{\mathrm{d}\tau}$，其中肥皂泡膨胀率 $\alpha = \left(\frac{D}{d}\right)^3 = \frac{\rho_0}{\rho_f}$。

式中，$\frac{\mathrm{d}r}{\mathrm{d}\tau}$ 为摄影记录的火焰半径与时间的直线关系的斜率；D 和 d 分别为终了时与开始时的肥皂泡直径；ρ_0 和 ρ_f 分别为可燃气及燃烧产物的密度。

(2) 密封球弹法。半径为 R 的密封球弹中充满可燃混合气体，在中心点火后，容器的压力随之升高。记录压力及火焰半径随时间的变化关系，在假设过程是绝热的前提下，层流火焰传播速度为

$$S_L = \frac{\mathrm{d}r}{\mathrm{d}\tau} - \frac{R^3 - r^3}{3pr^2K} \times \frac{\mathrm{d}p}{\mathrm{d}\tau} \tag{9-21}$$

式中，r 为压力为 p 时相应火焰前沿半径；p 为球弹压力；K 为预混可燃气的等熵指数；τ 为时间。

(3) 平面火焰法。在如图 9-8 所示的实验装置中，在惰性气体中调整可燃气流速至出现平面火焰，这时可燃气流速等于层流火焰传播速度。

(4) 直管驻定火焰法。在如图 9-9 所示的实验装置中，调整可燃气流速至出现驻定火焰，这时可燃气流速等于层流火焰传播速度。

(5) 本生灯法。由于气流从圆管形喷嘴喷出的轴向速度沿径向呈二次抛物线分布，所以其火焰形状为一复杂的曲面；而气流从喷嘴形喷嘴喷出，其轴向速度沿径向为均匀分布，因此火焰锋面为一圆锥形。除顶点和底边外，圆锥面上火焰传播速度处处相等（图 9-10）。

在稳定状态下，单位时间从喷嘴形喷口流出的全部可燃气量应与整个火焰锋面上烧掉的气量相等。因此，有下式成立：

$$\rho_0 uf = \rho_0 S_L F \tag{9-22}$$

即

$$uf = S_L F \tag{9-23}$$

而 $F = \dfrac{f}{\sin\alpha}$，$u = \dfrac{q_V}{\pi R^2}$，所以

$$S_L = \frac{uf}{F} = \frac{q_V}{\pi R^2} \times \sin\alpha = \frac{q_V}{\pi R^2} \times \frac{R}{\sqrt{R^2 + H^2}} = \frac{q_V}{\pi R\sqrt{R^2 + H^2}} \tag{9-24}$$

式中，q_V 为可燃混合气的体积流量，它为燃气与空气体积流量之和，即

$$q_V = q_{V,\mathrm{gas}} + q_{V,\mathrm{air}} = q_{V,\mathrm{gas}}(1 + \alpha L_0) \tag{9-25}$$

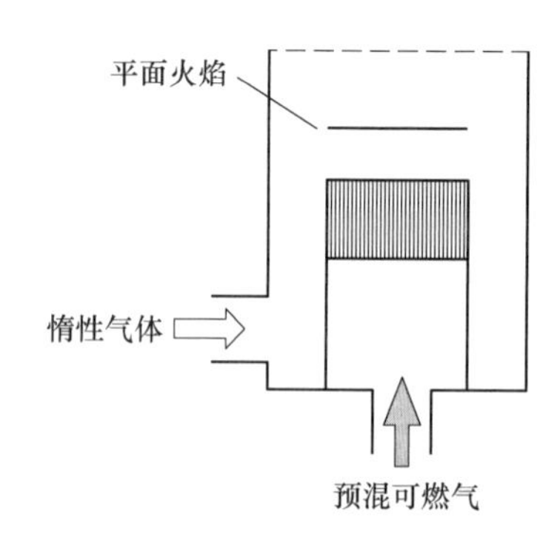

图 9-8　平面火焰法实验装置示意图

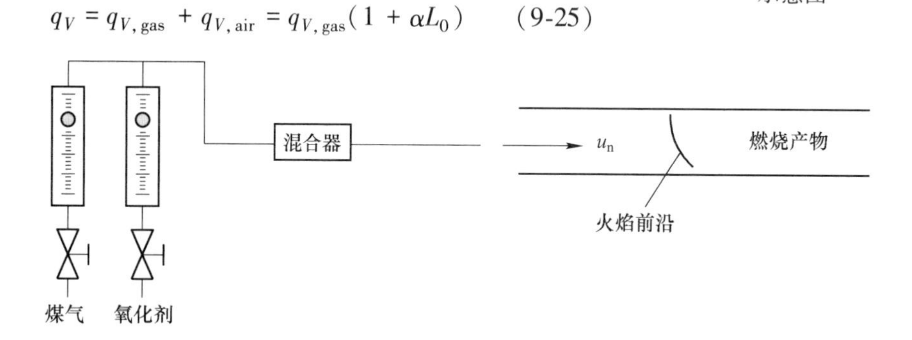

图 9-9　直管驻定火焰法实验装置示意图

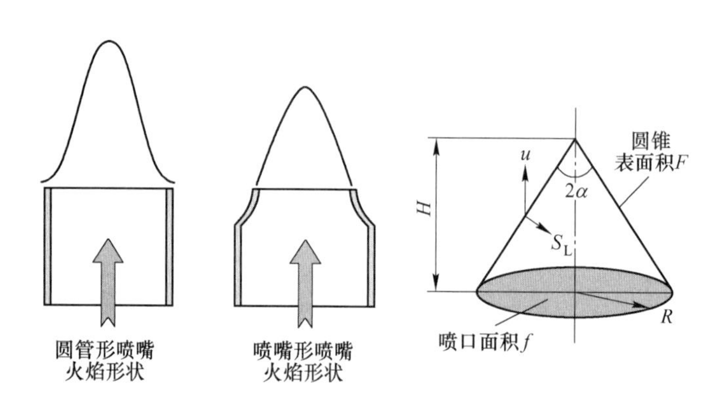

图 9-10　不同喷口火焰示意图

上述是测定方法是在绝热条件下，或者说是在散热量可以忽略的条件下而得出的结论。如果是在强化冷却的系统中，燃烧传播的速度将会减小，甚至将不能进行。以管中燃烧传播为例，管壁对系统实际上起着冷却作用。管子的直径越小，则相对冷却表面积越大。因此，当管子直径减小时，燃烧传播速度将减小，管子直径小于某一值时，燃烧将不能传播，这一直径称为"燃烧传播临界直径"或"熄灭直径"。当管径大到一定程度，相对散热减弱，以致可以忽略不计，此时测得的便是燃烧前沿的正常传播速度。各种可燃气体的熄灭直径可由实验方法测得。熄灭直径概念应用实例之一是烟气取样管的直径应该小

于熄灭直径，以免烟气中的可燃成分在取样管中继续燃烧而不反映取样点的真实成分。若烟气取样管的直径大于熄灭直径，那么便应采用强制冷却的方法，使管内没有燃烧传播。

9.4 影响层流火焰传播速度的主要因素

层流火焰传播速度的影响因素很多，本节简要介绍燃料和氧化剂的性质及其混合比例、压力、可燃混合气初始温度、可燃混合气中惰性气体及多种燃气与空气的混合物对层流火焰传播速度的影响规律。

（1）燃料和氧化剂的性质及其混合比例的影响。

1）可燃气的理化性质。可燃混合气的热扩散率越大，也即导热系数越大，密度越小，比热容越小，其火焰传播速度越大；燃气的发热量越高，燃烧温度越高，其火焰传播速度就越大；可燃混合气的化学反应速度越高，火焰传播速度越大。

2）富氧程度。富氧程度越高，其燃烧速度加快，燃烧温度提高，因此火焰传播速度就越大。

3）燃气的分子结构。在碳氢化合物中，不同烃类化合物及相对分子质量大小与层流火焰传播速度有如下关系：

①对于烷烃，火焰传播速度与碳原子数无关；

②在各种烃类化合物中，炔烃 S_L>烯烃 S_L>烷烃 S_L；

③炔烃及烯烃化合物的火焰传播速度随碳原子数的增加而降低；当碳原子数 $n>4$ 后，S_L 降低开始减缓；当 $n>8$ 后，S_L 趋近于饱和值，接近于烷烃的火焰传播速度。

4）可燃化合物中燃气的浓度。一般认为对应于最高燃烧温度的燃料浓度有最大的火焰传播速度，火焰传播浓度界限其实就是混合气的着火浓度界限。

（2）压力对火焰传播速度的影响。Lewis 给出压力对火焰传播速度影响的关系为

$$S_L \propto p^{n'} \tag{9-26}$$

式中，n' 为 Lewis 压力指数，其值与火焰传播速度（总反应级数）有关，见表 9-1。

表 9-1 Lewis 压力指数与火焰传播速度的关系

$S_L/\mathrm{cm \cdot s^{-1}}$	n'	变化关系	n
<50	<0	p 减小，S_L 增加	<2
50~100	0	S_L 不随 p 变化	2
>100	>0	p 增加，S_L 增加	>2

（3）可燃混合气初始温度及燃烧温度对火焰传播速度的影响。提高可燃混合气的初始温度和燃烧温度都可以提高其火焰传播速度。实验表明，初始温度 T_0 对火焰传播速度的影响规律为

$$S_L \propto T_0^m \quad m = 1.5 \sim 2.0 \tag{9-27}$$

（4）可燃混合气中惰性气体的影响。可燃混合气中加入惰性气体，则会降低其火焰传播速度，缩小火焰传播浓度界限，并且使最大火焰传播速度向低燃料浓度的方向移动（图 9-11）。

（5）多种燃气与空气的混合物的火焰传播速度的计算。当燃料为多种燃气的混合物时，其火焰传播速度由下式计算：

$$S_L = \frac{\sum \frac{p_i}{L_i} S_{L,\ i}}{\sum \frac{p_i}{L_i}} = \frac{\frac{p_1}{L_1} S_{L,\ 1} + \frac{p_2}{L_2} S_{L,\ 2} + \frac{p_3}{L_3} S_{L,\ 3} + \cdots}{\frac{p_1}{L_1} + \frac{p_2}{L_2} + \frac{p_3}{L_3} + \cdots} \tag{9-28}$$

式中，$S_{L,i}$为各单一燃气的火焰传播速度；p_i 为各单一燃气占燃气中可燃成分的体积分数；L_i 为各单一气体对应于 $S_{L,i}$的体积分数。

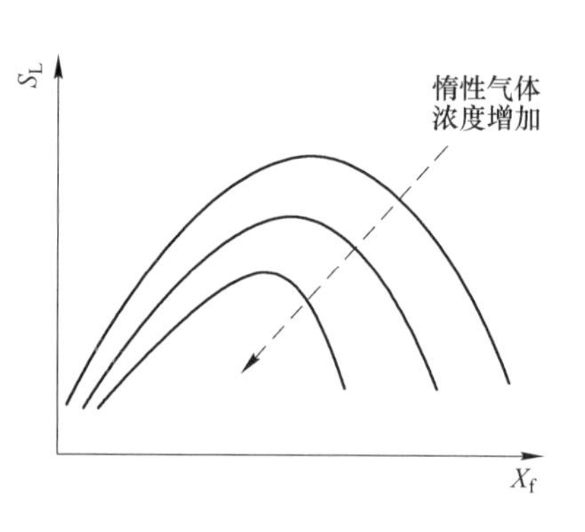

图 9-11　惰性气体的影响示意图

若混合燃气中含有不可燃气体（如 N_2、CO_2）时，用上式计算得到的 S_L 要做如下修正：

$$S'_L = S_L(1 - 0.01N_2 - 0.012CO_2) \tag{9-29}$$

9.5　湍流火焰传播理论

由 9.4 节可知，层流燃烧前沿传播速度仅取决于预混可燃气体的物理化学性质。湍流流动时，流体内的传热、传质以及燃烧过程得到加强。其燃烧传播速度将远远大于层流，且不仅与燃料的物理化学性质有关，更与流动状态有关。

湍流火焰的化学反应区要比层流火焰前沿面厚得多。此时，观察到的火焰面是紊乱的、毛刷状的，常伴有噪声和脉动。但是，为了易于分析湍流燃烧传播过程，常借用层流燃烧前沿面的概念，在火焰和未燃预混气的分界处，近似地认为存在一个称之为湍流燃烧前沿（或称火焰前沿）的几何面。

这样湍流燃烧前沿传播速度（或称火焰传播速度）就可用类似于层流传播速度的概念来定义，即湍流燃烧前沿传播速度是指湍流燃烧前沿法向相对于新鲜可燃气运动的速度。研究表明，与层流相比，湍流燃烧前沿传播速度增加的原因在于以下三个因素之一或它们的综合：

（1）湍流流动可能使火焰前沿变形、皱褶，从而使反应表面显著增加。但这时皱褶表面上任一处的法向燃烧传播速度仍然保持层流燃烧传播速度的大小。

（2）湍流火焰中，可能加剧热传导速度或活性物质的扩散速度，从而增大燃烧前沿法向的实际燃烧传播速度。

（3）湍流可以促使可燃混合气与燃烧产物间的快速混合，使火焰本质上成为均匀预混可燃混合物，而预混可燃气的反应速度取决于混合物中可燃气体与燃烧产物的比例。

目前已有的湍流火焰传播理论都是在上述概念的基础上发展起来的，较成熟的有皱褶表面燃烧理论和容积燃烧理论。

（1）皱褶表面燃烧理论。在湍流火焰中，如同湍流流动一样，有许多大小不同的微团在不规则地运动。如果这些不规则运动的气体微团的平均尺寸相对地小于可燃预混气的层流燃烧前沿厚度时，称为小尺度湍流火焰，反之称为大尺度的湍流火焰。

这两种类似的湍流火焰前沿模型如图 9-12 所示。由图中可见，对于小尺度的湍流火焰，尚能保持较规则的火焰前沿，燃烧区厚度只是略大于层流火焰前沿面厚度。对于大尺度的湍流，根据湍流强度不同，又可分为大尺度弱湍流和大尺度强湍流。将微团的脉动速度 u' 与层流火焰传播速度 S_L 比较，若 $u'<S_L$，则为大尺度弱湍流火焰，反之则为大尺度强湍流。前者，由于微团脉动速度比层流火焰传播速度小，微团不能冲破火焰前沿面，但因微团尺寸大于层流火焰前沿面厚度，而使前沿面扭曲。对于大尺度强湍流的情形。由于不仅微团尺寸 l 较大，且脉动速度也大于层流火焰传播速度，故使连续的火焰前沿面被破碎。

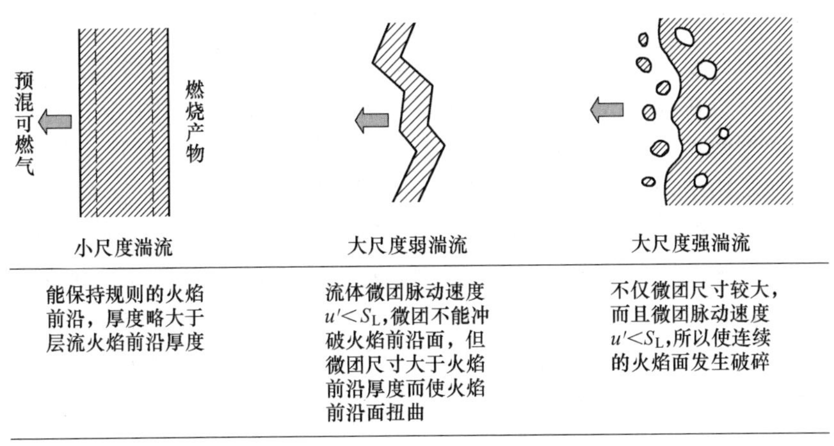

气体微团的平均尺寸$l<$层流火焰面厚度δ，称为小尺度湍流火焰；

气体微团的平均尺寸$l>$层流火焰面厚度δ，称为大尺度湍流火焰。

湍流脉冲速度$u'<$层流火焰传播速度S_L，称为弱湍流火焰；

湍流脉冲速度$u'>$层流火焰传播速度S_L，称为强湍流火焰

图 9-12 湍流火焰前沿示意图

邓克尔给出小尺度湍流管内流动时火焰传播速度 S_T与层流燃烧前沿传播速度 S_L 的比值为

$$\frac{S_T}{S_L} \propto \frac{\sqrt{\frac{a_T}{\tau_C}}}{\sqrt{\frac{a_L}{\tau_C}}} = \sqrt{\frac{a_T}{a_L}} = \sqrt{\frac{v_T}{v_L}} = \sqrt{\frac{lu'}{v_L}} \propto \sqrt{\frac{du}{v_L}} = \sqrt{Re} \tag{9-30}$$

谢尔金进一步发展了这个模型，认为在小尺度湍流情形下，火焰传播速度下不仅受到分子输运过程的影响，而且也受湍流输运过程的影响，即

$$S_T \propto \sqrt{\frac{a_T + a_L}{\tau_C}} \tag{9-31}$$

因此：

$$\frac{S_T}{S_L} = \sqrt{\frac{a_T + a_L}{a_L}} = \left(1 + \frac{a_T}{a_L}\right)^{\frac{1}{2}} = \left(1 + \frac{lu'}{a_L}\right)^{\frac{1}{2}} \tag{9-32}$$

对于大尺度湍流（$Re>6000$），微团尺寸大于层流火焰面厚度，使火焰面产生皱褶，

增加了反应表面，因此：

$$\frac{S_T}{S_L}=\frac{A_T}{A_L} \tag{9-33}$$

式中，A_L 为来流的几何面积；A_T 为皱褶火焰表面积，其大小取决于脉动速度，即 $A_T \propto u'$，而 $u' \propto Re$，因此：

$$\frac{S_T}{S_L} \propto Re \tag{9-34}$$

（2）容积燃烧理论。在大尺度强湍流条件下，容积燃烧理论认为，燃烧的可燃预混气微团中，并不存在能够将未燃气体和已燃气体截然分开的正常火焰前沿面，燃烧反应也不仅仅在火焰前沿面厚度之内进行。在每个湍动的微团内，不同成分和温度的物质在进行激烈的混合，同时也在进行快慢程度不同的反应。达到着火条件的微团就整体燃烧，而没有达到着火条件的微团，则在其脉动过程中，或在其他已燃微团作用下，达到着火条件而燃烧，或与其他微团结合，消失在新的微团中。容积理论还假定，不仅各微团脉动速度不同，即使同一微团内的各个部分，其脉动速度也有差异。因此，各部分的位移也不相同，火焰也就不能保持连续的、很薄的火焰前沿面。每当未燃的微团进入高温产物，或其某些部分发生燃烧时就会迅速和其他部分混合。每隔一定的平均周期，不同的气团就会因互相渗透混合而形成新的气体微团。新的微团内部各部分也各有其均匀的成分、温度和速度。各个微团进行程度不同的容积反应，达到着火条件的微团即开始着火燃烧。

10 火焰的结构及其稳定性

本章要点

(1) 掌握火焰的分类及层流火焰结构和稳定性条件;

(2) 了解湍流火焰结构和稳定性条件。

火焰是指在气相状态下发生燃烧的外部表现。它由燃烧前沿和正在燃烧的质点所包围的放热发光的区域所构成。这个定义是笼统的，因为所说的包围的区域有时难以划分。有的把以射流形式喷出而形成的有规则外形的火焰称为火炬，以和其他形式燃烧的火焰（如固定床或移动床的层状燃烧，流化床或沸腾床中的燃烧所形成的火焰）相区别。这样，形成火炬的燃烧便称为火炬式燃烧。在本章中，我们对火焰和火炬将不在名词上严格区别，并且通常所谓的火焰，都是指有比较规则外形的火焰。

10.1 火焰的分类

火焰可以按不同的特征进行分类。通常的分类方法有以下几种。

(1) 按燃料种类:

1) 煤气火焰，指燃烧气体燃料的火焰。

2) 油雾火焰，指燃烧液体燃料的火焰。

3) 粉煤火焰，指燃烧粉煤的火焰。

(2) 按燃料和氧化剂（空气）的预混程度:

1) 预混燃烧（动力燃烧）火焰，指煤气与空气在进入燃烧室之前已均匀混合的可燃混合物燃烧的火焰。

2) 扩散燃烧火焰，指煤气和空气边混合边燃烧的火焰，油的燃烧和煤的燃烧火焰也属于扩散火焰。

3) 介于上述两者之间的中间燃烧火焰。

(3) 按气体的流动性质:

1) 层流火焰。

2) 湍流火焰。

(4) 按火焰中的相成分:

1) 均相火焰。

2) 非均相（异相）火焰，指火焰中除气体外还有固相或液相存在的火焰，例如粉煤火焰、油雾火焰等。

（5）按火焰的几何形状：

1）直流锥形火焰。

2）旋流火焰或大张角火焰。

3）平火焰，指用平展气流或其他方法形成的张角接近于180°的火焰。

本章仅讨论均相火焰，并为讨论问题方便起见，将按照“预混火焰—层流和湍流；扩散火焰-层流和湍流”的顺序讨论。火焰结构是复杂的，本章只描述几种基本类型火焰的特征。

10.2 层流预混火焰

将可燃混合物通过一个普通的管口流入自由空间，形成一个射流，在射流断面中心线上流速最大。圆管层流出流速度呈二次抛物面分布，所以火焰面为一曲面，如图10-1所示。

在该火焰面上，除顶点及底边外，火焰面上任一点轴向速度的法向分速度与火焰传播速度大小相等，方向相反，即

$$S_L = u\cos\phi \tag{10-1}$$

火焰面顶点气流速度与火焰传播速度相等，达到最大值；火焰面底部边缘有一小段水平段，由于射流与火焰传播的特殊性，使气流速度与火焰传播速度达到直接平衡，形成一个点火圈，使火焰保持稳定。

点火圈的形成是由气流速度和火焰传播速度在管壁和射流边界附近的分布体系所致。受两个因素的影响：（1）管口壁面散热的影响。离管口越远，熄火效应影响越小；（2）混合气浓度的影响。由于射流的卷吸作用，离管口越远，可燃气浓度冲淡，熄火效应影响越大。点火圈的形成过程如图10-2所示。

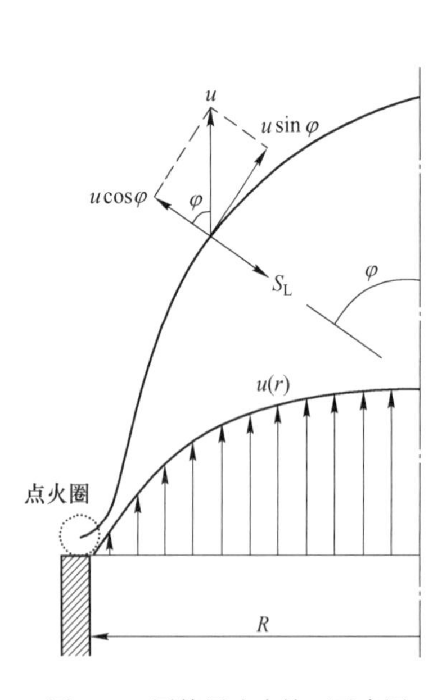

图10-1 圆管层流火焰面示意图

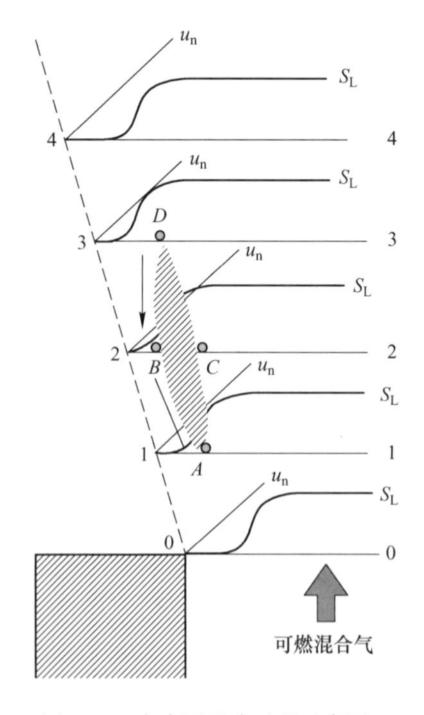

图10-2 点火圈形成过程示意图

在图 10-2 中，u_n 为气流速度分布状况，S_L 为层流火焰传播速度。

0—0 面：壁面散热，熄火效应明显，有 $u_n>S_L$，火焰前沿被吹向下游。

1—1·面：离管口相对较远，S_L 向边界移动，总可存在一个平衡点 A，$u_n=S_L$，形成所谓点火圈。

2—2 面：若有热扰动，火焰面被吹向下游，因离管口较远，熄火效应降低，S_L 继续向边界移动，结果 u_n 与 S_L 相割，在 BC 区间内，$S_L>u_n$，使火焰向上游移动，直到 1—1 面稳定于 A 点。

3—3 面：由于卷吸作用，熄火效应增加，S_L 向离开边界的方向移动，结果 u_n 与 S_L 相切于 D 点。

4—4 面：若加大流量使火焰继续向下游移动，空气的稀释作用更大，S_L 进一步向右以致整个截面 $u_n>S_L$，火焰前沿向下游移动。

在 $ABCD$ 连成的一个封闭区域内都有 $S_L>u_n$。由于这一区域的存在，保证了本生灯火焰有一个固定的着火源（点火圈）。一旦有热扰动破坏了平衡，它可以立即恢复到平衡状态。如果扰动使火焰脱离 A 点向下游移动，只要处于 $ABCD$ 区域内，那么火焰前沿将逆向移动回复到 A 点而恢复平衡；如果扰动使火焰脱离 A 点向上游移动，则会由于上游处 $u_n>S_L$，因而火焰前沿将被气流带到 A 点而恢复平衡。

点火圈的位置及大小随气流速度的变化而改变：

当速度较大时，点火圈稳定区域将向下游移动并逐渐缩小，最后形成一点，再增加气流速度，火焰将会被气流吹熄，产生脱火。

当速度较小时，点火圈稳定区域将向上游移动并逐渐扩大，直到喷口截面处，如果再降低流速，将会使稳定点 A 向管内窜动，产生回火。

不同气流速度对本生灯火焰稳定性的影响主要是回火和脱火的问题，由图 10-3 可知，火焰发生回火与脱火的条件为层流火焰传播速度曲线与气流速度大小相等且其斜率相等，即

$$\begin{cases} S_L = u_n \\ \dfrac{\partial S_L}{\partial r}\Big|_{r\to R'} = \dfrac{\partial u_n}{\partial r}\Big|_{r\to R'} \end{cases} \tag{10-2}$$

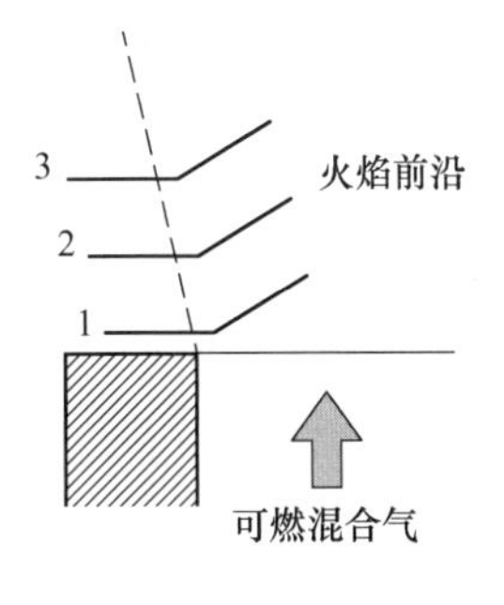

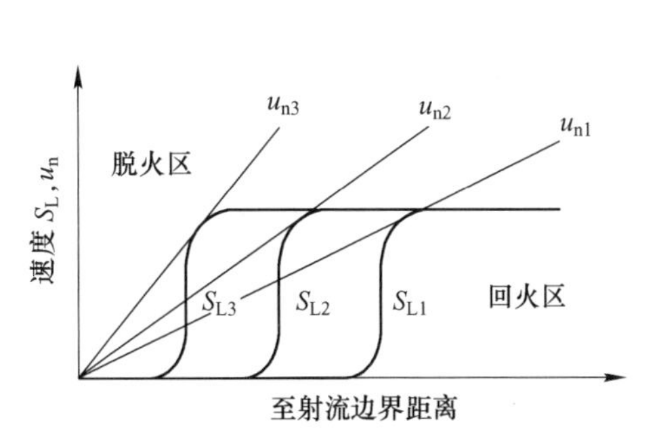

图 10-3 不同气流速度对本生灯火焰稳定性影响示意图

当气流速度有最大绝对值时，R'接近射流边界，为脱火极限；有最小绝对值时，R'接

近喷管半径，为回火极限。

由于边界速度梯度给计算造成不便，因此需要找到层流时边界速度梯度与圆管出流体积流量的关系（图 10-4）。

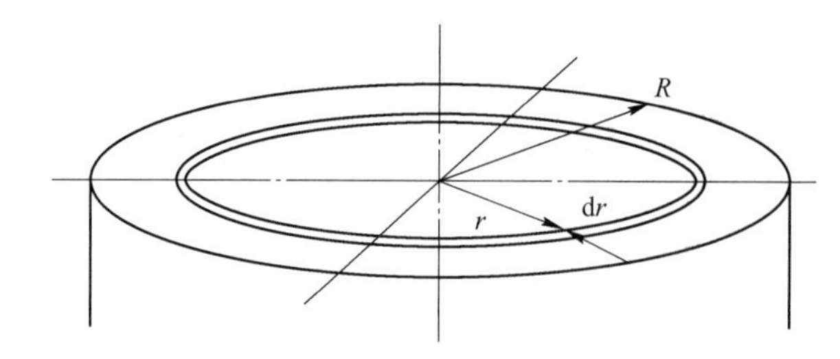

图 10-4 圆管层流火焰喷口示意图

设圆管内气流速度分布符合管内层流分布：

$$u = u_{\max}\left[1 - \left(\frac{r}{R}\right)^2\right] \tag{10-3}$$

微分上式，有

$$\left.\frac{\mathrm{d}u}{\mathrm{d}r}\right|_{r\to R} = -2\frac{u_{\max}}{R} \tag{10-4}$$

由于 $\mathrm{d}q_V = u(r)\times 2\pi r\mathrm{d}r$，所以，混合气的体积流量为

$$q_V = \int_0^R \mathrm{d}q_V = \int_0^R 2\pi u r\mathrm{d}r = 2\pi\int_0^R u_{\max}\left[1 - \left(\frac{r}{R}\right)^2\right] r\mathrm{d}r = \frac{\pi}{2}u_{\max}R^2 \tag{10-5}$$

因此，有 $u_{\max} = \dfrac{2q_V}{\pi R^2}$，将 $u_{\max}$ 值代入式（10-4），有

$$\left.\frac{\mathrm{d}u}{\mathrm{d}r}\right|_{r\to R} = -2\times\frac{u_{\max}}{R} = -\frac{4}{\pi}\times\frac{q_V}{R^3} = g_{F/B} \tag{10-6}$$

其中绝对值较大者为脱火极限边界速度梯度 g_B，绝对值较小者为回火极限边界速度梯度 g_F。

在计算圆管出流层流预混火焰长度时（物理模型如图 10-5 所示），在火焰面上取微元面，其在高度上投影为 dH，在径向投影为 dr。

由三角函数关系，有

$$\cos\varphi = \frac{1}{\sqrt{1+\tan^2\varphi}} = \frac{1}{\sqrt{1+\left(\dfrac{\mathrm{d}H}{\mathrm{d}r}\right)^2}} \tag{10-7}$$

由于 $S_L = u\cos\varphi$，所以有 $\cos\varphi = \dfrac{S_L}{u}$，因此

$$\frac{S_L}{u} = \frac{1}{\sqrt{1+\left(\dfrac{\mathrm{d}H}{\mathrm{d}r}\right)^2}} \tag{10-8}$$

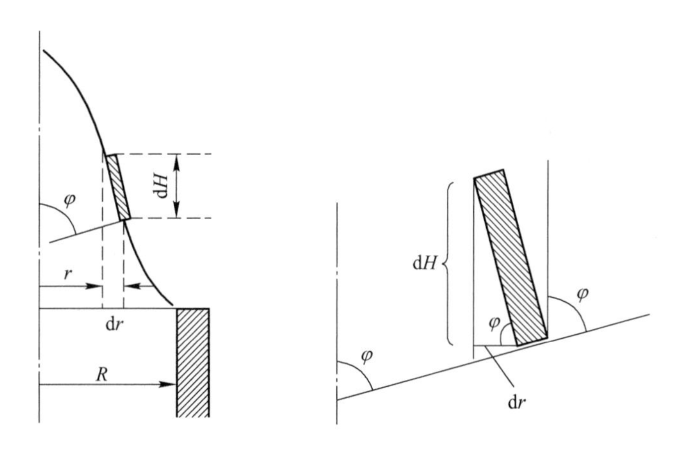

图 10-5　火焰长度计算物理模型示意图

整理后，得

$$\frac{\mathrm{d}H}{\mathrm{d}r} = \pm\sqrt{\left(\frac{u}{S_{\mathrm{L}}}\right)^2 - 1} \tag{10-9}$$

由于 $u = u(r)$，$S_{\mathrm{L}} = S_{\mathrm{L}}(r)$，直接对上式进行积分具有一定困难，因此需做一些近似处理后再计算。

若将火焰面看成是圆锥体，底面半径与喷口半径相等，这时火焰面法向与轴向夹角 φ 处处相等，也即 $\cos\varphi = \mathrm{const}$，气流的平均速度为 $\overline{u}$，所以

$$S_{\mathrm{L}} = \overline{u}\cos\varphi = \mathrm{const} \tag{10-10}$$

因此

$$H = \int \mathrm{d}H = \int \sqrt{\left(\frac{\overline{u}}{S_{\mathrm{L}}}\right)^2 - 1}\,\mathrm{d}r = r\sqrt{\left(\frac{\overline{u}}{S_{\mathrm{L}}}\right)^2 - 1} + C \tag{10-11}$$

由已知条件，当 $r=R$ 时，$h=H$；当 $r=0$ 时，$h=0$，所以 $C=0$。因此，火焰长度为

$$H = R\sqrt{\left(\frac{\overline{u}}{S_{\mathrm{L}}}\right)^2 - 1} \tag{10-12}$$

由 $\overline{u} = \frac{q_V}{\pi R^2}$ 代入上式，即可得到本生灯火焰传播速度与火焰长度的关系：

$$S_{\mathrm{L}} = \frac{q_V}{\pi R\sqrt{R^2 + H^2}} \tag{10-13}$$

当火焰的长度比较大，即 $\phi \approx 90°$，$u \gg S_{\mathrm{L}}$ 时火焰长度可近似表示为

$$H \approx R\frac{\overline{u}}{S_{\mathrm{L}}} \tag{10-14}$$

若将 $\overline{u} = \frac{q_V}{\pi R^2}$ 代入上式，可得到本生灯火焰传播速度与火焰长度的近似关系：

$$S_{\mathrm{L}} \approx \frac{q_V}{\pi RH} \tag{10-15}$$

可燃气浓度与火焰稳定性的关系如图 10-6 所示，从图中以看出：

（1）同一浓度下，临界吹熄时的流量比临界回火时的大得多；

（2）当燃料浓度接近化学当量比时，由于化学反应速度最大，有 $g_F=g_{F,max}$，最容易发生回火；

（3）边界速度梯度 $g<g_F$ 为回火区；$g>g_B$ 为吹熄区；g_F 与 g_B 之间为稳定燃烧区；

（4）本生灯火焰只有在惰性气体中燃烧才有 $g_{B,max}$，在空气中燃烧可卷吸空气使混合气中过剩燃料继续燃烧，因而扩大了吹熄界限。

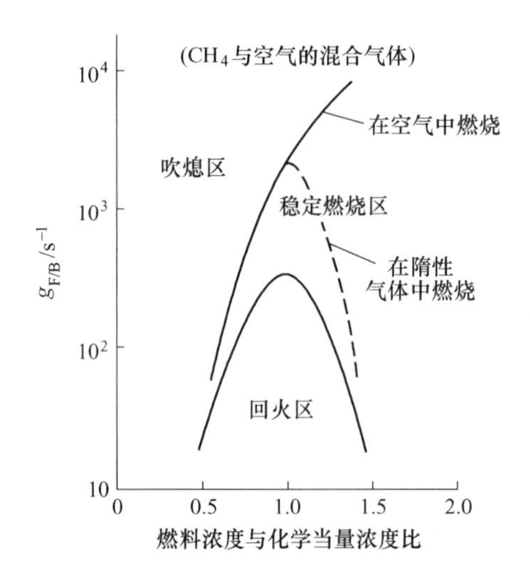

图 10-6　燃气浓度与火焰稳定性的关系示意图

10.3　湍流预混火焰

当可燃混合物以湍流流动由喷口喷出时，点火后形成的火焰轮廓不像层流那样分明，但也是一个近似锥形的有一定外形的火焰。图 10-7 表示这种火焰的外形特点。

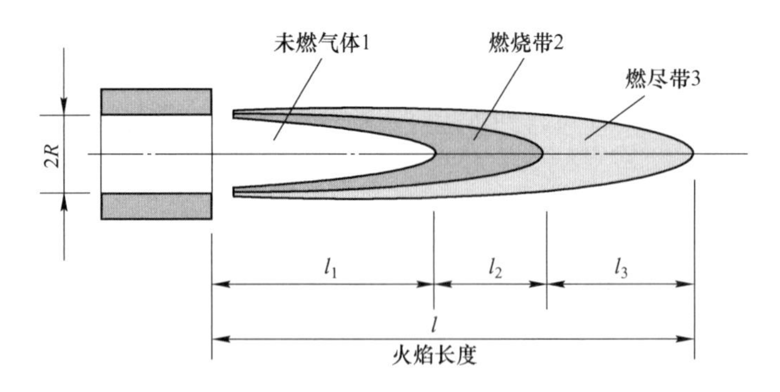

图 10-7　预混湍流火焰示意图

前已指出，由于湍流气体质点脉动的结果，湍流燃烧前沿不会像层流前沿那样是一个很薄的平面，而是一层较厚的，其中各种质点（新鲜的可燃混合物、正在燃烧的气体和燃烧产物）互相交错存在的气体。因此，湍流火焰可以粗略地划分为三个区域（图 10-7），中心部分 1 是未燃的可燃混合物；燃烧带 2 是可见的湍流燃烧前沿，大部分可燃气体在这一区域中燃烧；燃尽带 3 是达到完全燃烧的区域，各部分区域的长度可按照如下的经验公式进行计算：

$$l_1 \approx K_1 \frac{\overline{u}R}{S_T} \tag{10-16}$$

$$l_2 \approx K_2 \frac{\overline{u}R}{S_T} \tag{10-17}$$

$$l_3 \approx K_3 u_p \tag{10-18}$$

式中，K_1、K_2、K_3 为实验常数；u_p 为燃烧产物的速度，将三部分长度相加就是湍流预混火焰的长度。湍流火焰长度随气流速度的增加而增加，随火焰传播速度的增加而减小。

这种关于湍流火焰结构的描述完全是宏观的。因为大尺度湍流时，火焰是跳动的，紊乱的。就瞬时来说，火焰中某一点的成分是变化的，它可能是燃烧产物，也可能是可燃混合物。

湍流火焰的稳定性问题主要是脱火问题。这是因为气流速度已增大到回火临界速度之上，回火不再发生。

前面讲到层流时维持火焰不脱火的原理是在烧嘴外形成了一个点火圈。随着气流速度的增加，已不能靠点火圈提供的热源实现点火。但是为了连续燃烧，必须连续点火。湍流燃烧时，由于质点可有不同方向的脉动，正在燃烧的微团或高温燃烧产物，都可能又返回到新鲜的可燃混合物之中。这样一来，这些高温质点便起到了连续点火热源的作用。

但是，在高强度燃烧，即气流速度更大的情况下，单靠火焰内部自然形成的回流质团的点火将不足以维持火焰的稳定。这时，通常将采用附加手段，使燃烧产物更多地循环返流到火焰根部，或采用附加的点火小烧嘴，以强化点火。

湍流预混火焰防止回火的方法主要是降低喷口处的火焰传播速度和提高可燃气在喷口处的速度。具体措施有：

（1）减小喷口直径，增加喷嘴数量。利用喷孔壁面的冷却作用使火焰传播速度降低。

（2）采用导热性差的材料制造喷嘴，减少喷嘴对燃气的传热。

（3）对大型喷嘴进行水冷或空冷。

（4）减少一次空气量，增设二次空气，使燃料与一次空气的混合气偏离化学当量比，使火焰传播速度降低。

（5）保持一定的可燃气压力，维持一定的出口流速。

湍流预混火焰防止脱火的方法主要是利用特殊射流流场特性，或使用稳焰器使高温烟气回流，利用高温烟气的热量来提供点火能量。具体措施有：

（1）利用旋转射流稳定火焰。当旋流强度大于 0.6 以后，流场中出现回流区，卷吸高温烟气回流形成稳定的点火源。

（2）利用钝体稳定火焰。高速气流在流经钝体后速度分布发生变化，在钝体后产生回流，卷吸的高温烟气提高了点火所需能量；燃烧器中稳定火焰的装置称为稳焰器。

（3）利用大速差射流稳定火焰。在一定的空间利用大速差射流使之产生回流。

（4）利用值班小火焰来稳定大火焰（示意图如图 10-8 所示）。

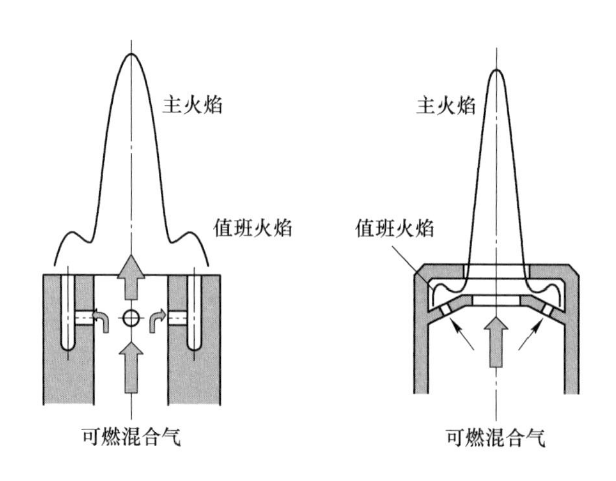

图 10-8 值班小火焰示意图

10.4 层流扩散燃烧

当煤气和空气分别以层流流动通入燃烧室时，便得到层流的扩散火焰。

图 10-9 是同心射流形成的层流火焰结构。在层流下，混合是以分子扩散的形式进行的。在两个射流相接触的界面上，空气分子向煤气射流扩散，煤气分子也向空气射流扩散。在某一面上，煤气与空气相混合时浓度达到化学当量比（即空气消耗系数等于 1）。这时点火后，在该面将形成燃烧前沿，在火焰面上，燃料和空气的体积分数均为 0，燃烧产物体积分数为 1。燃烧前沿面上生成的燃烧产物同时向两个相反的方向（中央的煤气射流和周围的空气射流）进行扩散。因此，层流火焰中便明显地分为四个区域；纯煤气区、煤气加燃烧产物区、空气加燃烧产物区和纯空气区。

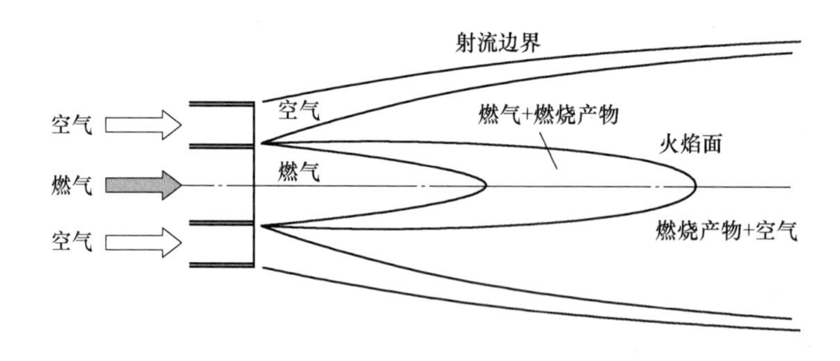

图 10-9 层流扩散火焰结构

这种层流火焰的燃烧强度是很小的，在工业中并不常见。但是，为了建立扩散火焰的理论基础，对层流扩散火焰结构的研究还是十分重要的。

层流扩散火焰的理论最早是由 Burke 和 Schuman 提出的，其模型示意图如图 10-10 所示。

该理论假设如下：

（1）反应发生在一个厚度为 0 的空间薄层内，火焰面的燃料侧没有空气，空气侧没有燃料；火焰面上的燃料和空气浓度均为 0，燃烧产物浓度为 1。

（2）分子扩散系数 D 与温度及成分无关。

（3）由加热引起的膨胀可忽略不计。

（4）燃料和氧化剂的流速相等。

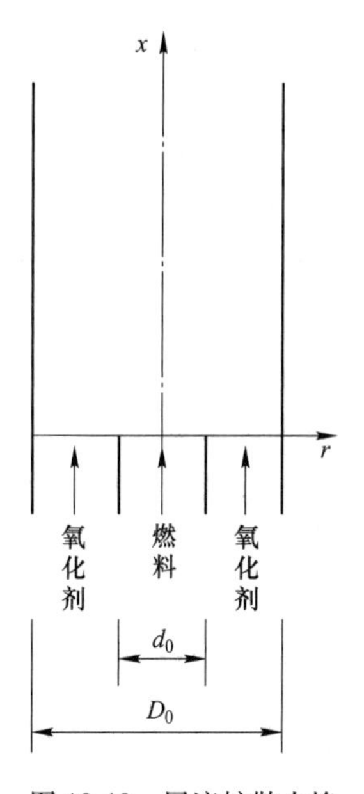

图 10-10　层流扩散火焰装置示意图

燃烧反应及其化学当量比关系为（f 为燃料，ox 为氧化剂，p 为燃烧产物）

$$\begin{aligned} \mathrm{f} + \mathrm{ox} &= \mathrm{p} \\ 1 \quad \beta \quad & 1+\beta \end{aligned} \tag{10-19}$$

由于 $W_{\mathrm{f}} = \dfrac{1}{\beta} W_{\mathrm{ox}}$，所以 $\beta = \dfrac{W_{\mathrm{ox}}}{W_{\mathrm{f}}}$。

由于径向速度为 0，所以径向无对流；与径向的扩散相比，轴向的扩散可以忽略。即径向混合主要是由于扩散，而轴向混合则主要是由于对流。

由柱坐标的扩散方程可得

$$\frac{\partial}{\partial r}\left(r\rho D_{\mathrm{ox}} \frac{\partial y_{\mathrm{ox}}}{\partial r}\right) - \rho u r \frac{\partial y_{\mathrm{ox}}}{\partial x} - r W_{\mathrm{ox}} = 0 \tag{10-20}$$

$$\frac{\partial}{\partial r}\left(r\rho D_{\mathrm{f}} \frac{\partial y_{\mathrm{f}}}{\partial r}\right) - \rho u r \frac{\partial y_{\mathrm{f}}}{\partial x} - r W_{\mathrm{f}} = 0 \tag{10-21}$$

引入一个新的参量：$Y = \beta y_{\mathrm{f}} - y_{\mathrm{ox}}$，将式（10-21）乘以 β，有

$$\frac{\partial}{\partial r}\left[r\rho D_{\mathrm{f}} \frac{\partial(\beta y_{\mathrm{f}})}{\partial r}\right] - \rho u r \frac{\partial(\beta y_{\mathrm{f}})}{\partial x} - r\beta W_{\mathrm{f}} = 0 \tag{10-22}$$

将上式方程式与式（10-20）相减，可得

$$\frac{\partial}{\partial r}\left[r\rho D_{\mathrm{f}} \frac{\partial(\beta y_{\mathrm{f}})}{\partial r}\right] - \frac{\partial}{\partial r}\left(r\rho D_{\mathrm{ox}} \frac{\partial y_{\mathrm{ox}}}{\partial r}\right) - \rho u r \frac{\partial(\beta y_{\mathrm{f}})}{\partial x} + \rho u r \frac{\partial y_{\mathrm{ox}}}{\partial x} - r\beta W_{\mathrm{f}} + r W_{\mathrm{ox}} = 0 \tag{10-23}$$

考虑到 $D_{\mathrm{ox}} = D_{\mathrm{f}} = D$，$\beta = \dfrac{W_{\mathrm{ox}}}{W_{\mathrm{f}}}$，上式可写为

$$\frac{\partial}{\partial r}\left[r\rho D \frac{\partial(\beta y_{\mathrm{f}} - y_{\mathrm{ox}})}{\partial r}\right] - \rho u r \frac{\partial(\beta y_{\mathrm{f}} - y_{\mathrm{ox}})}{\partial x} - r\left(\frac{W_{\mathrm{ox}}}{W_{\mathrm{f}}} W_{\mathrm{f}} - W_{\mathrm{ox}}\right) = 0 \tag{10-24}$$

即

$$\frac{\partial}{\partial r}\left(r\rho D \frac{\partial Y}{\partial r}\right) - \rho u r \frac{\partial Y}{\partial x} = 0 \tag{10-25}$$

此时的边界条件如下：

当 $x = 0$，$0 \leqslant r \leqslant \dfrac{1}{2} d_0$ 时，$Y = \beta y_{\mathrm{f},0}$，$u = u_0$；

当 $x = 0$，$\dfrac{1}{2} d_0 \leqslant r \leqslant \dfrac{1}{2} D_0$ 时，$Y = -y_{\mathrm{ox},\infty}$，$u = u_0$；

当 $x \geqslant 0$，$r = 0$ 及 $r = \frac{1}{2}D_0$ 时，$\frac{\partial Y}{\partial r} = 0$。

确定定解条件以后，整理得到的微分方程就可以求解了，其解为 $Y = F(x, r)$。再利用火焰面（$r = r_f$，$x = x_f$）上 $Y = \beta y_f - y_{ox} = 0$ 的条件，则可得到火焰面的形状。

Burke 和 Schumann 得到的解 $F(x_f, r_f) = 0$ 为以下隐函数：

$$\sum_{n=1}^{\infty} \frac{1}{k_n} \left[\frac{J_1\left(\frac{k_n d_0}{2}\right) J_0(k_n r_f)}{J_0^2\left(\frac{k_n D_0}{2}\right)} \right] e^{-\frac{k_n^2 D x_f}{u_0}} = \frac{D_0^2 y_{ox,\infty}}{4d_0(y_{ox,\infty} + \beta y_{f,0})} - \frac{d_0}{4} \tag{10-26}$$

式中，J_0，J_1 分别为零级和一级贝塞尔(Bessel)函数；k_1，k_2，k_3，…为由 $J_1(k_n D_0/2) = 0$ 方程的正根得到。若取上式中无穷级数的第一项，即可看出某些重要结论：

$$A e^{-\frac{58.7 D x_f}{u_0 D_0^2}} = \frac{1}{2}\left[\frac{D_0}{d_0}\left(\frac{y_{ox,\infty}}{y_{ox,\infty} + \beta y_{f,0}}\right) - \frac{d_0}{D_0}\right] \tag{10-27}$$

当 D_0，d_0，$y_{ox,\infty}$，$y_{f,0}$，β 确定以后，上式等号右边为一常数，所以有

$$x_f \propto \frac{u_0 D_0^2}{D} \propto \frac{q_V}{D} \tag{10-28}$$

(1) 当燃料和氧化剂一定时，纵向受限层流扩散火焰长度与燃料和氧化剂的体积流量成正比，与分子扩散系数成反比；

(2) 燃料和氧化剂的体积流量一定时，层流扩散火焰长度与管径无关；

(3) 流速不变，管径增加，那么增加了体积流量，火焰长度随之增加；

(4) 管径不变，流速增加，也使得体积流量增加，火焰长度也随之增加。

算例：CH_4 与不同含氧浓度的氧化剂燃烧，其火焰形状如图 10-11 所示。

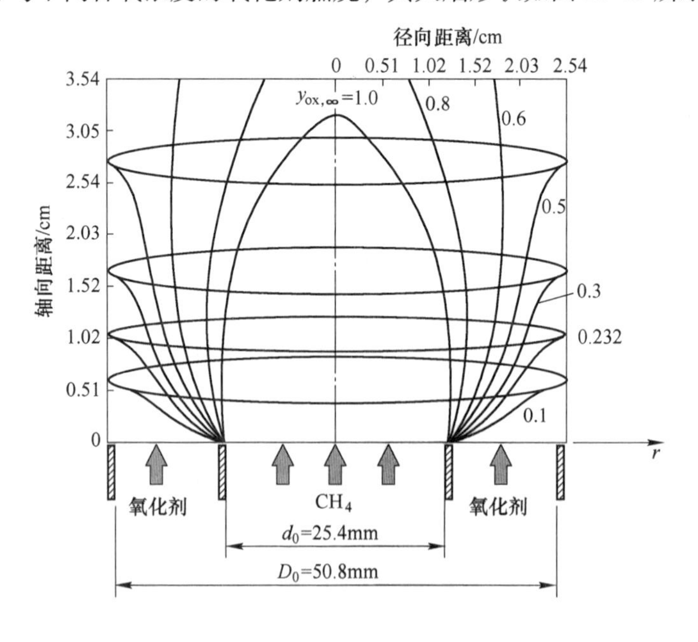

图 10-11　层流扩散火焰形状示意图

10.5 湍流扩散火焰

增加煤气和空气的流速，可使层流火焰过渡到湍流火焰。图 10-12 是用来描述这一过程的典型图。当层流时，火焰的外形轮廓是规整的，当气流速度增加时，起初只是火焰顶部发生颤动。随着气流速度的不断增加，火焰上部变为湍流火焰。这样，在火焰高度上存在着一个“转化点”，在某一速度下，在该点之上火焰由层流转化为湍流。在层流情况下，火焰长度随气流速度差不多是成正比增加。然后又随气流速度的增加而减小。达到湍流火焰之后，气流速度对火焰长度便不再有明显的影响。这是因为，在湍流的情况下，气流的混合速度（湍流扩散速度）是随气流速度的增加而增加的。这样，当气流速度增加时（在烧嘴直径不变的条件下），一方面讲，这时的流量增加应使火焰变长；另一方面讲，这时的混合速度增加可使火焰缩短。正负两方面的作用结果，便使湍流火焰长度随气流速度的变化不明显。

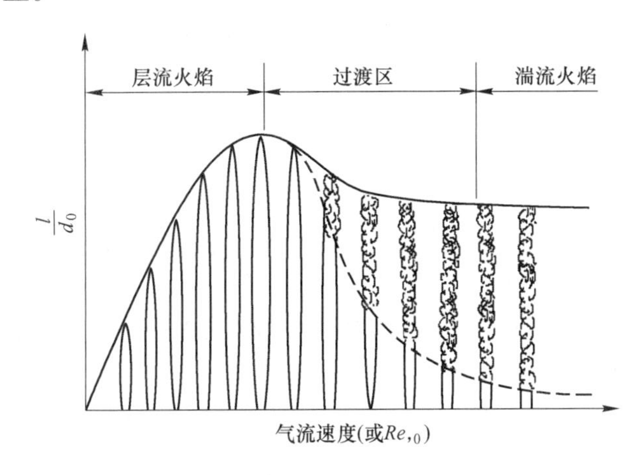

图 10-12 扩散火焰的形状随气流速度的变化

根据流体力学原理知道，由层流气流变为湍流气流是由雷诺数（*Re*）决定的，一般说来，管内流动（等温），当 *Re* 大于 2000 时，即为湍流流动。但是人们发现，对火焰来说，变为湍流火焰的雷诺数要比此大一些，有的要大几倍。表 10-1 列举了几种燃料在一定燃烧条件下层流火焰变为湍流火焰的 *Re* 值。这是因为，燃烧放热使火焰温度升高，火焰中的气流密度减小而黏度增加，因此只有当气体以更大的 *Re* 值喷出，才会形成湍流火焰。

表 10-1 层流火焰转变为湍流火焰的雷诺数

燃 料	$Re,_0$	燃 料	$Re,_0$
H_2	2000	城市煤气	3000~4000
H_2（有一次空气）	5500~8500	城市煤气（有一次空气）	5500~8500
CH_4	3000	CO	5000
C_2H_6、C_3H_8	9000~10000		

湍流火焰中的浓度分布比较复杂。由于湍流火焰是紊乱而破碎的，所以，各区域（纯煤气区、纯空气区、燃烧产物与煤气或空气混合区）之间便不存在明显的分界面，也不存在像层流火焰那样可燃分子和氧分子浓度同时等于零的前沿面。

在火焰结构中，火焰长度有重要的实际意义，湍流扩散火焰的长度通常采用经验公式进行计算，简介如下。

（1）水平自由射流火焰长度：

$$\frac{l}{d_0} = (13.5 \sim 14.0) K u_0^{0.34} d_0^{-0.17} \tag{10-29}$$

式中，u_0 为燃气喷出速度，m/s；d_0 为喷口直径，m；K 为实验系数，主要取决于燃料成分和发热量，如焦炉煤气 $K=1.0$，发生炉煤气 $K=0.65$。

（2）双股同心射流火焰长度：

$$\frac{l}{d_0} = \frac{u_g}{2.4 + 0.925u_g + u_a}(5.6 + 0.021Q_{net}) \tag{10-30}$$

式中，u_g、u_a 分别为燃气与空气的速度；Q_{net}为燃气的低位发热量；d_0 为喷口直径。

（3）旋转射流火焰长度：

$$\frac{l}{d_0} = 5.3 \frac{1}{\phi'} \left(\frac{\rho_\infty}{\rho_{st}}\right)^{0.5} - BS \tag{10-31}$$

式中，ϕ' 为燃料在化学当量比（stoichiometric ratio）混合物中的浓度与在喷口处浓度之比；ρ_{st}、ρ_∞ 分别为化学当量比时可燃混合物的密度和周围介质的密度；B 为实验系数；S 为旋流强度。

扩散火焰的稳定性问题在实际中不像预混火焰那么突出，但这并不等于说扩散火焰不存在稳定性问题。显然，扩散火焰不会回火，但可能脱火。煤气或空气的流出速度过大、喷口直径过小，都会产生脱火。因此，也必须采取稳定火焰的措施，其原理与预混火焰相似，例如使高温燃烧产物回流，采用旋转气流，采用稳焰器等。总之，提高扩散火焰的燃烧强度必须同时保证火焰的稳定性。

直径为 5mm 的喷嘴燃烧器使用 CH_4 作为燃料，计算其在两种燃料-空气混合比下稳定燃烧的 CH_4 流量范围。(a) 化学计量比；(b) 当量比 $\Phi=1.2$。

项　目	$\Phi=1.0$	$\Phi=1.2$
g_F/s^{-1}	-400	-200
g_B/s^{-1}	-2000	-3800

11 气体燃料的燃烧方法

本章要点

（1）掌握有焰燃烧和无焰燃烧的区别及特点；

（2）了解有焰燃烧及无焰燃烧燃烧器的结构和特点。

气体燃料的燃烧属于同相燃烧，燃烧速度快，强度大，广泛应用于各种工业生产中。本章将针对气体燃料燃烧方式及燃烧器进行介绍。

11.1 有焰燃烧与无焰燃烧的区别及特点

有焰燃烧也称扩散燃烧，其燃烧控制因素为燃料与氧化剂的混合过程，燃烧后可形成明显的火焰轮廓，燃烧火焰称为扩散火焰。

无焰燃烧也称预混燃烧或动力燃烧，其燃烧控制因素为化学反应过程，燃烧后无明显的火焰轮廓，燃烧火焰称为预混火焰或动力火焰。

有焰燃烧的主要特点如下：

（1）由于扩散燃烧，燃烧速度慢，所以火焰较长，有明显的火焰轮廓；

（2）火焰中有较多的游离炭粒，因此火焰黑度大；

（3）改变喷嘴的结构，即改变了燃料与空气的混合状况，可得到不同形状的火焰；

（4）煤气及空气的压力较低，一般为500~3000Pa，火焰容易控制，燃烧器调节比大；

（5）由于不预先混合，因此可将空气和煤气分别预热到很高的温度，这样可以利用烟气的余热和使用低热值煤气。

无焰燃烧的主要特点如下：

（1）由于燃料与空气预先混合，因此可实现较低的空气消耗系数，设计时可取1.02~1.05；

（2）燃烧速度快，空间燃烧热强度（kW/m^3）比有焰燃烧的大得多；

（3）火焰高温区集中，燃烧温度高；

（4）由于燃烧速度快，C—H化合物来不及分解，火焰中游离炭粒少，火焰的黑度较低；

（5）由于预先混合，因此预热温度不能高于着火温度，一般小于300℃；

（6）为防止回火，每个烧嘴的燃烧能力不能太大。

使气体燃料和空气以一定方式喷出混合燃烧的装置统称为燃烧器，对气体燃料燃烧器进行性能评价主要从以下几个方面进行：

（1）燃料的燃烧必须完全充分（要求不完全燃烧的燃烧器除外）；

（2）火焰形状及温度分布要能满足加热工艺的要求；

（3）火焰的稳定性要好，负荷调节比要大；

（4）对燃料的性能要求不严，有一定的适应性；

（5）结构简单，操作方便，使用寿命长。

11.2　有焰燃烧常用燃烧器介绍

有焰燃烧器种类很多，按照不同分类方式都可以对燃烧器进行分类。

（1）按燃气的发热量分类：高热值燃气烧嘴、中等热值燃气烧嘴和低热值燃气烧嘴；

（2）按燃气与空气的混合方式分类：直流、旋流、交叉射流与机械作用混合；

（3）按火焰形状分类：火炬形，扁平形（如缝式烧嘴）以及圆盘形（如平焰烧嘴）。

本节选取了一些具有代表性的气体燃料有焰燃烧器进行简要介绍。

（1）套筒式燃烧器。套筒燃烧器燃气与空气均为直流，火焰较长；燃气和空气所需压力较低，一般为 800~1000Pa。套筒式燃烧器示意图与实际图如图 11-1 所示。

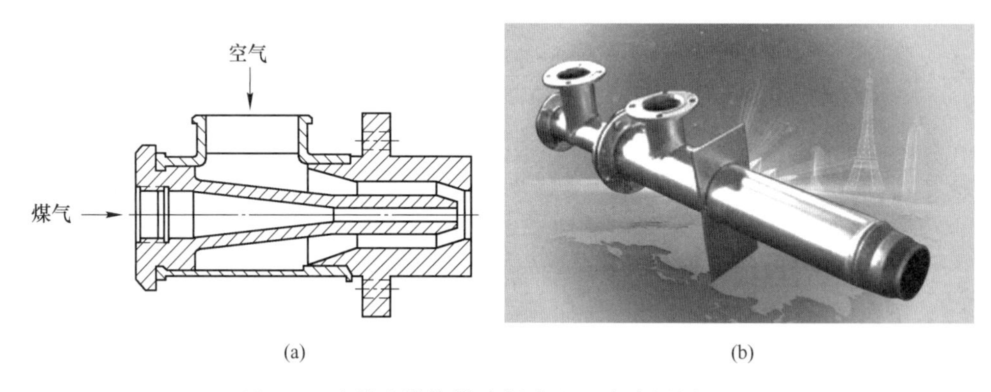

图 11-1　套筒式燃烧器示意图（a）与实际图（b）

（2）低压涡流式燃烧器。低压涡流式燃烧器结构简单，空气通道有旋流导向叶片，使空气产生旋流，空气在旋转前进的情况下与煤气相遇，强化了空气与煤气的混合过程，因而混合条件较好，并且烧嘴内有混合室，因而可以得到较短的火焰。该烧嘴可用于烧净发生炉煤气、混合煤气和焦炉煤气等。燃气压力约为 800Pa，空气压力约为 2000Pa。低压涡流式燃烧器示意图如图 11-2 所示。

（3）扁缝涡流式燃烧器。扁缝涡流式燃烧器燃烧时空气切向进入，经若干切向缝状通道与中空环缝煤气气流相混合，所以混合条件很好，火焰很短，燃气和空气在烧嘴内有混合室。适合中低热值燃气，要求燃气和空气压力为 1500~2000Pa。扁缝涡流式燃烧器如图 11-3 所示。

（4）环缝旋流式燃烧器。环缝旋流式燃烧器的基本特点是空气切向进入燃烧器，经环状缝隙形成圆环状旋转气流，与环状直流煤气相遇，混合条件较好，燃烧器内无混合室。比较适合燃烧中低热值煤气。若缩小煤气通道面积，也适合中高热值煤气。要求煤气和空气压力为 2000~4000Pa。环缝旋流式燃烧器示意图如图 11-4 所示。

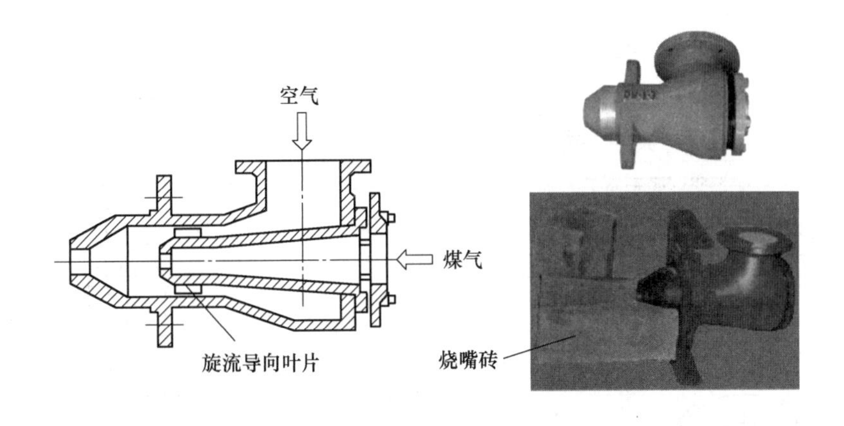

图 11-2 低压涡流式燃烧器示意图

图 11-3 扁缝涡流式燃烧器

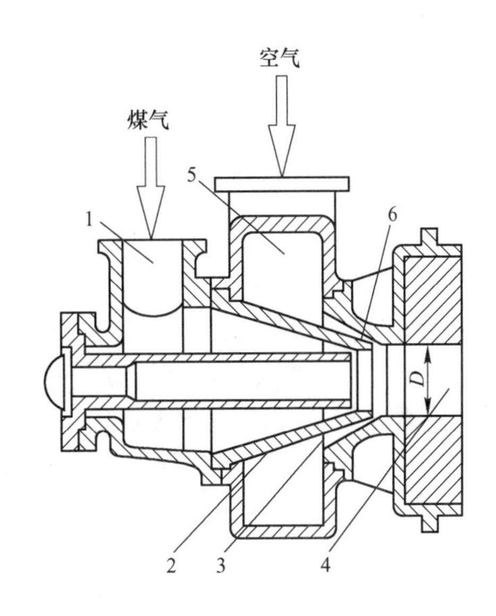

图 11-4 环缝旋流式燃烧器示意图

1—煤气入口；2—煤气喷头；3—环缝；4—烧嘴头；
5—蜗壳形空气室；6—空气环缝

（5）平焰燃烧器。平焰燃烧器利用较高强度的旋转气流与喷口形状的合理配合，使气流喷出后形成平展气流，这时火焰向四周展开形成圆盘型平面火焰，紧贴炉墙及炉顶上，可以将炉墙或炉顶加热到很高的温度，增加了火焰和炉墙的辐射面积，有利于物料的均匀加热，加热炉的炉顶通常采用平焰燃烧器。形成平展气流的方法很多，例如气流通过旋流叶片、气流切向进入燃烧器、径向开孔以及在喷口前加分流挡板等都可实现平展气流。平焰燃烧器示意图如图 11-5 所示。

（6）自身换热式燃烧器。自身换热式燃烧器将换热器与燃烧器组成一个整体，利用喷射器的作用以及燃烧器高速出流和燃烧器喷口的特殊设计，使燃烧烟气产生回流，通过换热器将助燃空气加热，既利用了烟气的余热，同时高速气流又改善了炉内传热过程。自身换热式燃烧器示意图如图 11-6 所示。

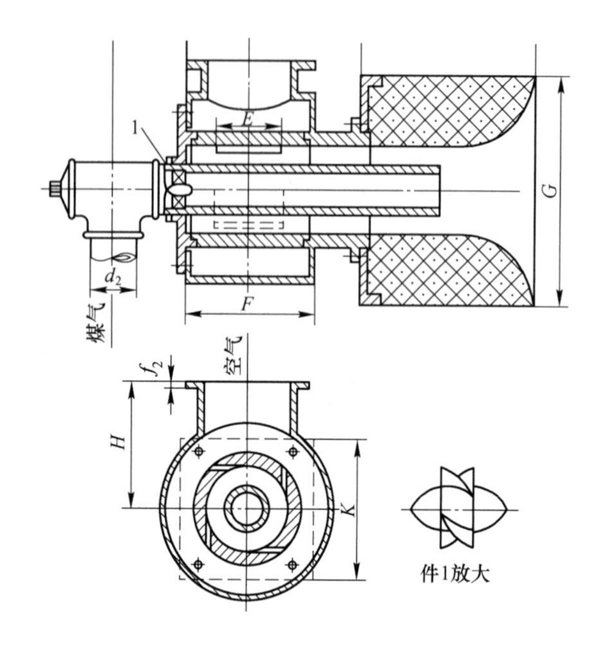

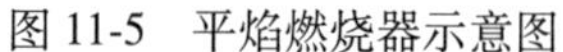
图 11-5　平焰燃烧器示意图

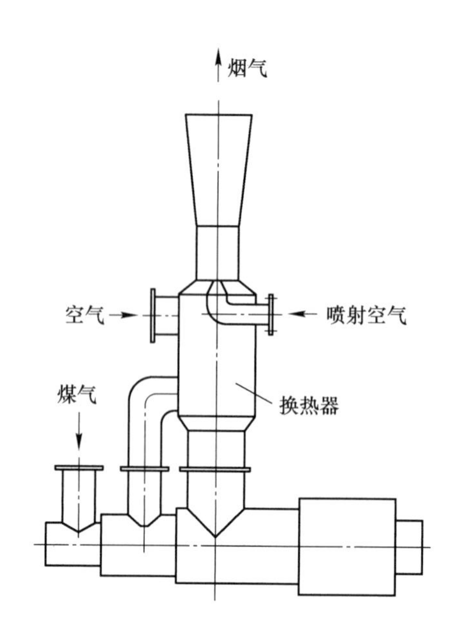

图 11-6　自身换热式燃烧器示意图

（7）蓄热式燃烧装置。蓄热式燃烧装置是将燃烧器、热交换器和排烟装置连成一体，主要由烧嘴、蓄热器和切换阀所组成。图 11-7 为典型蓄热式燃烧系统示意图。烧嘴 A 和烧嘴 B 成对安装，周期性交替工作。当烧嘴 A 燃烧时，产生的大量高温烟气通过并加热燃烧器 B 的蓄热体，换热后的烟气温度可降到 150℃左右，经引风机排入大气。经过一段时间后，烧嘴 A 停止燃烧，烧嘴 B 启动，同时助燃空气通过烧嘴 B 的蓄热体被加热到 800～1000℃，烧嘴 B 燃烧产生的烟气通过烧嘴 A 并加热烧嘴 A 的蓄热体，如此循环往复工作。

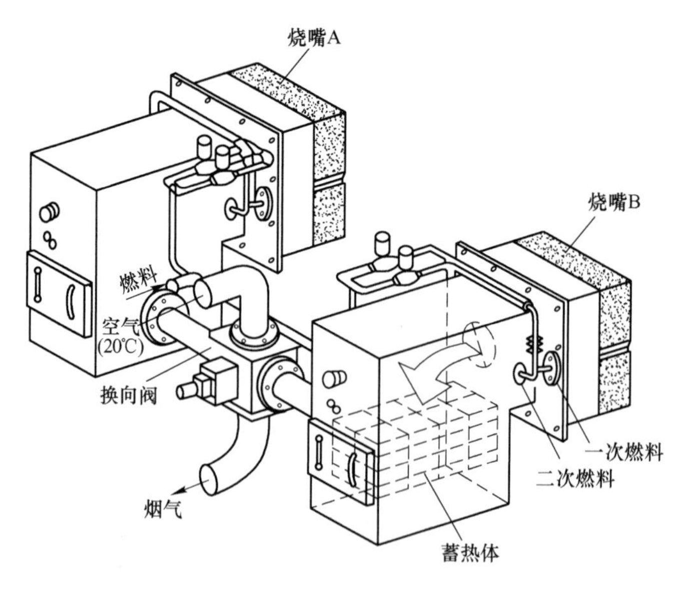

图 11-7　蓄热式燃烧装置示意图

(8) 辐射管。辐射管是用耐热钢或陶瓷制造，由风套、外管、内管及燃烧器组成的发热元件。辐射管形式有U型、W型、单管型等多种形式；结构上有不换向和换向两种，换向的辐射管通常带有蓄热器以回收烟气余热，因此也称为蓄热式辐射管。辐射管广泛应用于各种间接加热的可控气氛炉。W型辐射管如图11-8所示。

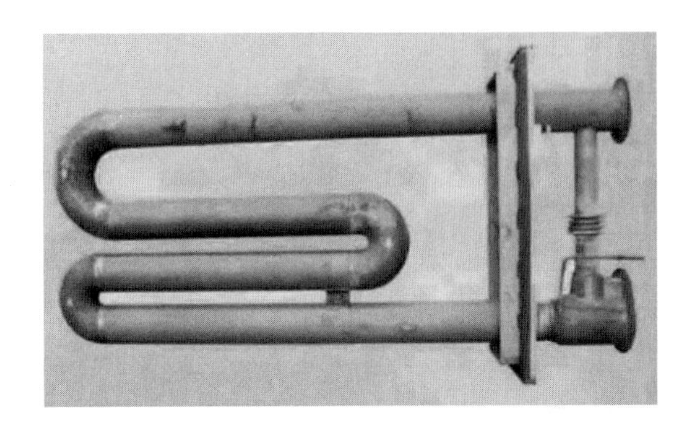

图11-8 W型辐射管

11.3 喷射式无焰燃烧器的结构特点及工作原理

喷射式无焰燃烧器结构如图11-9所示，燃烧器主要包括燃气喷口、空气吸入管、直管段、扩压管、收缩管及喷口。

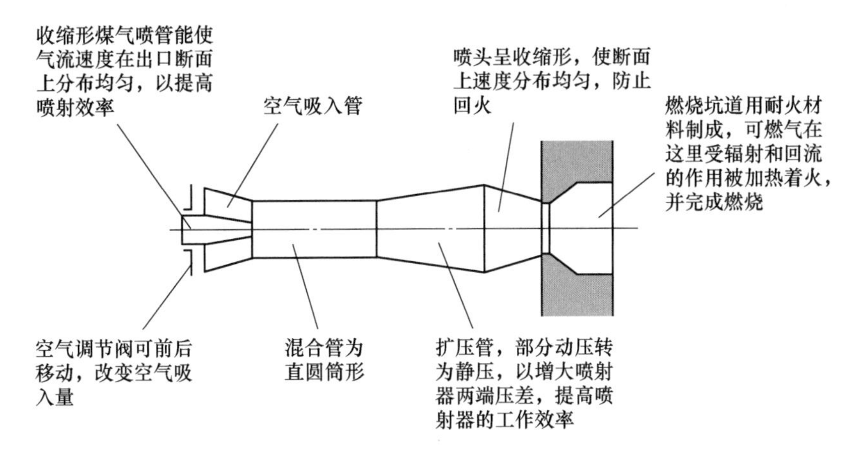

图11-9 喷射式无焰燃烧器结构示意图

喷射式无焰燃烧器的特点如下：

(1) 具有自调性，即在一定条件下，喷射系数能随煤气流量变化而保持恒定；

(2) 可以做到很低的空气消耗系数，只要有2%~5%的过剩空气，就可以保证完全燃烧；

(3) 某些情况下不需要风机，燃烧系统简单；

(4) 燃烧器外形尺寸大；

（5）要求煤气压力高，一般都在 10kPa 以上；

（6）空气与煤气的预热温度有限；

（7）负荷调节比小；

（8）对燃气的发热量、预热温度、炉压波动非常敏感，自调性在实际偏离设计条件时便不能保持。

喷射式无焰燃烧器的工作原理及优化计算物理模型如图 11-10 所示，面 0～5 上的物理量分别用下标 0～5 表示，比如各面的速度为 $u_0 \sim u_5$，密度为 $\rho_0 \sim \rho_5$，压力为 $p_0 \sim p_5$，截面积为 $A_0 \sim A_5$，煤气质量流量为 G_1，空气质量流量为 G_2，混合物质量流量为 G_3。

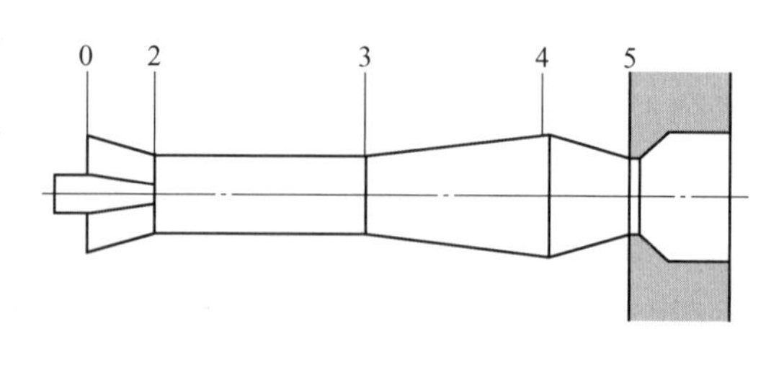

图 11-10　喷射式无焰燃烧器示意图

喷射方程及喷射效率计算过程如下：

2—3 截面，由动量方程：

$$(p_2 - p_3)A_3 = G_3u_3 - (G_1u_1 + G_2u_2) \tag{11-1}$$

3—4 截面，列伯努利方程：

$$p_3 + \frac{u_3^2}{2}\rho_3 = p_4 + \frac{u_4^2}{2}\rho_4 + K_3\frac{u_3^2}{2}\rho_3 \tag{11-2}$$

式中，K_3 为扩张管（包括混合管）的阻力系数。

考虑到 $u_3A_3 = u_4A_4$，$\rho_3 = \rho_4$，上式可写为

$$p_4 - p_3 = \frac{u_3^2}{2}\rho_3\left[1 - \left(\frac{A_3}{A_4}\right)^2 - K_3\right] \tag{11-3}$$

令 $\eta_d = \left[1 - \left(\frac{A_3}{A_4}\right)^2 - K_3\right]$ 为扩张管效率，可取 0.5～0.75。

联立以上方程，同时考虑到 $A_3 = \frac{G_3}{u_3\rho_3}$，所以

$$p_4 - p_2 = \frac{u_3\rho_3(G_1u_1 + G_2u_2 - G_3u_3)}{G_3} + \eta_d\frac{u_3^2}{2}\rho_3 \tag{11-4}$$

为减少被引射介质的入口阻力，在入口端接一个渐缩喇叭形管口。列 0—2 截面伯努利方程（方程中 K_2 为收缩段的阻力系数）：

$$p_0 = p_2 + \frac{u_2^2}{2}\rho_2 + K_2\frac{u_2^2}{2}\rho_2 \tag{11-5}$$

所以

$$p_2 - p_0 = -(1 + K_2)\frac{u_2^2}{2}\rho_2 \tag{11-6}$$

由于

$$p_4 - p_0 = (p_4 - p_2) + (p_2 - p_0) \tag{11-7}$$

可得

$$p_4 - p_0 = \frac{u_3\rho_3(G_1u_1 + G_2u_2 - G_3u_3)}{G_3} + \eta_d \frac{u_3^2}{2}\rho_3 - (1 + K_2)\frac{u_2^2}{2}\rho_2 \tag{11-8}$$

则喷射效率计算如下:

$$\eta = \frac{\text{吸入介质所获得的有效功}}{\text{喷射介质在喷射器中所消耗的能量}} = \frac{q_{V2}(p_4 - p_0)}{q_{V1}\left[\frac{u_1^2}{2}\rho_1 - (p_4 - p_2)\right]} \tag{11-9}$$

喷射式无焰燃烧器在设计时除了要关注其喷射效率外，还要关注喷射比及自调性，在保证效率的同时实现燃烧器的稳定使用。

12 液体燃料的雾化与燃烧

本章要点

（1）掌握雾化机理及雾化质量评价参数；

（2）掌握单液滴的燃烧速率及燃尽时间计算式；

（3）了解液滴群的燃烧理论及燃油燃烧器结构。

工业炉中燃烧的液体燃料有重油、焦油等，其中以重油为主。工业炉以重油作燃料，在炉内直接燃烧。重油用油槽车（或用管路）运入厂内，存入储油罐中，然后节油泵把油加压输送到油烧嘴。在油的输送管路中，需要用过滤器将油中的机械杂质除去。重油在通过油烧嘴燃烧时，需要把油喷成雾状，即进行雾化。在管路中设有加热器加热重油，降低其黏度，以保证良好的雾化效果和流动性。此外，整个油路系统还常伴随有蒸气管加热和保温。重油通过油烧嘴后进入炉膛（或单独的燃烧室）中燃烧。上述流程可以分为两部分，由油槽车到加热器称为供油系统，油烧嘴和燃烧室称为燃烧系统，即燃烧装置。

12.1 雾化机理及液滴破碎条件

把燃料油通过喷嘴破碎为细小颗粒的过程称为油的雾化过程。液体燃料燃烧前要进行雾化，一是为获得高强度和高效率的燃烧效果，必须将液体燃料雾化成小滴，以增大其蒸发表面，促进燃烧过程的快速进行；二是通过雾化获得一定的雾炬形状，与助燃空气动力场相配合，以获得所需要的火焰形状。

根据雾化理论的研究，雾化过程大致是按以下几个阶段进行的：

（1）液体或液体与气体（空气或蒸气）高速从喷嘴喷出，形成薄层或气液混合流股；

（2）流股由于其初始的高湍流状态以及与外部空气或自身空气的相互作用，进行动量传递，使液体发生变形并开始破碎；

（3）较大的液滴由于其与周围空气的继续作用，克服表面张力，破坏原来力的平衡状态，使较大的液滴继续破碎成较小的液滴，直至达到平衡；

（4）飞行中的小液滴有时会相互碰撞而聚合成较大的液滴。

液体燃料与雾化剂（或周围空气）进行动量、能量交换，是气动力、惯性力、表面张力和黏性力综合作用的结果，使液体燃料破碎成雾状小颗粒（雾化过程示意图如图 12-1 所示）。根据雾化过程所消耗的能量来源，可以把雾化方法分为以下两大类。

（1）主要靠附加介质的能量使油雾化。这种附加介质称为“雾化剂”。实际常用的雾化剂是空气或蒸气，个别的也有用煤气或燃烧产物的，根据气体雾化剂压力的不同，这类

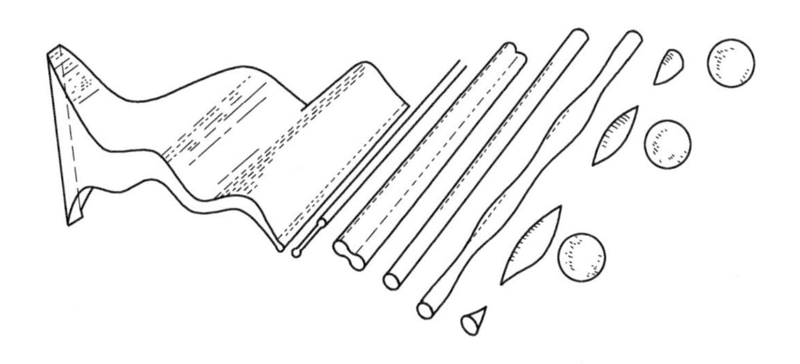

图 12-1　雾化过程示意图

方法还可以分为：

1）高压雾化，雾化剂压力在 100kPa 以上；

2）中压雾化，雾化剂压力在 10~100kPa；

3）低压雾化，雾化剂压力 3~10kPa。

（2）主要靠液体本身的压力把液体以高速喷入相对静止的空气中，或以旋转方式使油流加强搅动，使油得到雾化。这种方法称为油压式（或机械式）雾化。

在用气体介质作雾化剂的过程中，雾化剂以较大的速度和质量喷出，当和重油流股相遇时，气体便对油表面产生冲击和摩擦，使油表面受到外力的作用。这种外力大于油的内力（表面张力和黏性力）时，重油流股便会破碎成分散的油粒。只要外力还大于油的内力，油的雾化过程将继续下去，直到在油的表面上的内力与外力达到平衡，油粒就不再破碎，雾化过程便到此结束。

在油压式雾化条件下，重油在高压下由小孔喷出。这时，重油流股本身将产生强烈的脉动，与此同时，在与周围介质相对运动中，也受到周围气体的摩擦作用。重油流股的强烈脉动能使它产生很大的径向分力和波浪式运动，加上周围介质对它附加的外力，从而使重油流股分散成细颗粒。

根据以上原理，我们可以把雾化过程归结为油的表面上外力（如冲击力、摩擦力）和内力（黏性力表面张力）相互作用的过程。假设液滴在气流中破碎（物理模型如图 12-2 所示），考虑液滴所受气动压力与表面张力之间的平衡（由变形到破坏所需时间很小，忽略较低速度旋转而引起的离心力的作用），一直径为 d_0 的液滴以速度 u_L 在速度为 u_g 气流中相对运动时，其受力分析如下：

气动压力会将液滴压扁；而表面张力则会使液滴保持成球形。液滴一半对另一半的吸引力为

$$f_\sigma = \pi d\sigma \tag{12-1}$$

式中，d 为液滴的直径，m；σ 为表面张力系数，N/m。

由气流作用在球面上的压力分布，使液滴在垂直于气流方向上拉开的力正比于气动压力及液滴的迎风面积：

$$f_d = k\frac{\pi}{4}d^2\frac{\rho_g}{2}(u_g \pm u_L)^2 \tag{12-2}$$

式中，k 为系数；ρ_g 为气流密度。气流方向与液滴流动方向相反取“+”；相同取“−”。

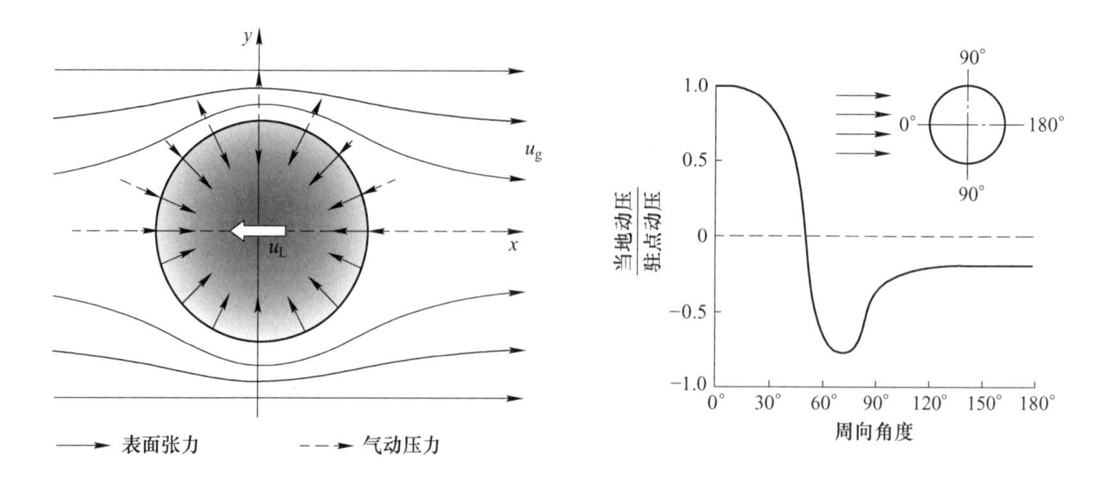

图 12-2 液滴受力示意图

液滴变形的条件为

$$f_d \geqslant f_\sigma$$

$$k\frac{\pi}{4}d^2\frac{\rho_g}{2}(u_g \pm u_L)^2 \geqslant \pi d\sigma \tag{12-3}$$

也可写为

$$\frac{\rho_g d\ (u_g \pm u_L)^2}{\sigma} \geqslant C \tag{12-4}$$

上式左边的物理意义为气动力与表面张力的比值，即为韦伯（Weber）数 We。由于蒸发和气流阻力的作用，上式中的 d 和 u_L 是随时间改变的。因此为处理数据方便，以初始直径 d_0 和气流速度 u_g来表示气流与液滴的相对速度（记为 u）。因此上式可写为

$$\frac{\rho_g d_0 u^2}{\sigma} \geqslant We_c \tag{12-5}$$

开始变形破碎的韦伯数称为临界韦伯数，记为 We_c。

液滴投入高速气流中，一方面液滴具有变形速率，另一方面液滴受到气流阻力的作用，减小了液滴与气流的相对速度，因而减小了气动力的作用。如果前者大于后者，那么液滴的横向直径不断增大，液滴被拉长，当液滴的横向直径与初始直径之比$\frac{d}{d_0}\approx 2\sim 3$ 时，液滴开始破碎。但如果前者小于后者，由于相对速度减小，最后液滴恢复成球形。

液体燃料雾化喷嘴的类型主要包括机械式、气动式、旋转式、气泡式及超声波式，具体如下：

（1）机械式（或油压式）雾化喷嘴。机械式（或油压式）雾化喷嘴主要靠液体自身的压力（1.5~2.5MPa）从小孔高速喷出雾化。它有直流式和旋流式（离心式）两种，其结构示意图如图 12-3 所示。

（2）气动式雾化喷嘴。气动式雾化喷嘴使用高压风、压缩空气或高压蒸气作雾化剂，

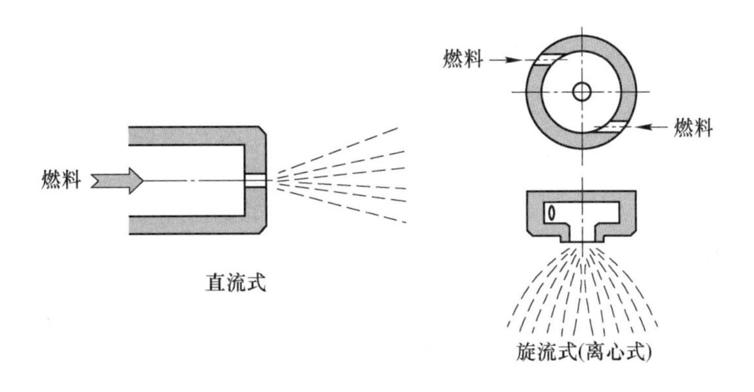

图 12-3　机械式雾化喷嘴结构示意图

靠雾化剂与液体进行动量交换和能量交换，使液体雾化。气动式雾化喷嘴的具体结构形式多种多样，它的应用也最为广泛，其结构示意图如图 12-4 所示。

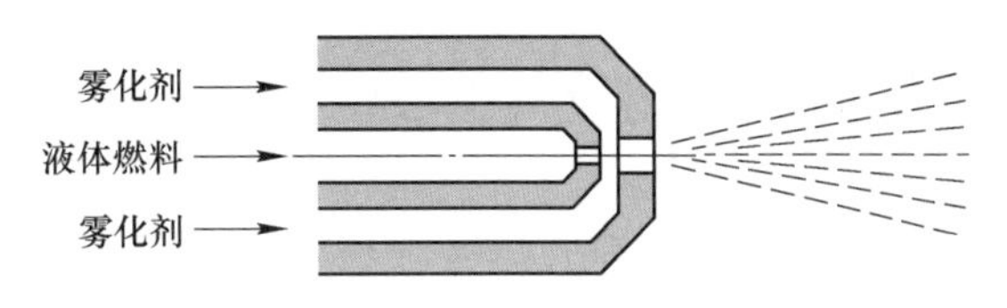

图 12-4　气动式雾化喷嘴结构示意图

（3）旋转式（转杯式）喷嘴。旋转式（转杯式）喷嘴靠机械力使喷嘴产生高速旋转，由于液体燃料受到较大的离心力的作用，在喷嘴内壁上形成薄层，并从喷嘴边缘飞出形成雾化，其结构示意图如图 12-5 所示。

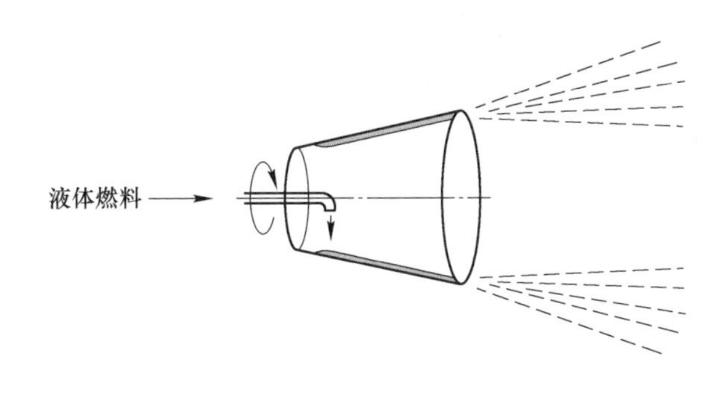

图 12-5　旋转式（转杯式）喷嘴结构示意图

（4）气泡雾化喷嘴。气泡雾化喷嘴以气泡为雾化的动力，利用气泡的产生、运动、变形直到喷嘴出口爆破来产生非常细的液雾。空气以适当方式（一般为较细的多流股）注入流动燃油中，使燃油在混合室中产生气泡，利用气泡对燃油的挤压和剪切作用，使燃油以包含大量微小液膜的形式从喷口喷出时形成雾化，另外由于气泡内外压差的剧烈变化，而使气泡急剧膨胀而破裂，同时将包裹在其周围的液膜进一步破碎，形成气泡爆炸的二次雾化。

（5）超声波雾化喷嘴。超声波雾化是利用电子高频振荡，通过陶瓷雾化片的高频谐振，将液体燃料分子间的分子键打散而雾化。工业常用的超声雾化喷嘴类型有压电晶体超声波喷嘴、磁致伸缩超声波振荡喷嘴及声学超声波喷嘴。

12.2 雾化质量评价参数

液体燃料雾化后所形成的颗粒群，分布在气体介质中，雾化后的油粒直径是不均匀的，液滴尺寸分布表示法如下：

（1）数量积分（累积）分布。小于（或大于）给定直径 d_i 的液滴数量 N 占液滴总数 N_0 的分数，称为数量积分（累积）分布，用 N/N_0 表示。

（2）质量（容积）积分（累积）分布。小于（或大于）给定直径 d_i 的液滴质量 M（或容积 V）占液滴总质量 M_0（或总容积 V_0）的分数，称为质量（或容积）积分（累积）分布，用 M/M_0（或 V/V_0）表示。

（3）数量微分（增量）分布。在直径范围 $d_i - \frac{d(d_i)}{2} < d_i < d_i + \frac{d(d_i)}{2}$ 内，液滴数量的增量 dN 占液滴总数 N_0 的分数，称为数量微分（增量）分布，用 $\frac{dN}{N_0 d(d_i)}$ 表示。

（4）质量（容积）微分（增量）分布。在直径范围 $d_i - \frac{d(d_i)}{2} < d_i < d_i + \frac{d(d_i)}{2}$ 内，液滴质量（或容积）的增量 dM（或 dV）占液滴总质量 M_0（或总容积 V_0）的分数，称为质量（或容积）微分（增量）分布，用 $\frac{dM}{M_0 d(d_i)}$（或 $\frac{dV}{V_0 d(d_i)}$）表示。

以上颗粒尺寸的四种表示方法之间是可以进行转换的。用何种方法表示粒径分布取决于实验测试方法和实际需要。例如，用传统的印痕法可以得到粒径微分分布，而用凝冻筛分法可以得到质量微分（或积分）分布。印痕法如图 12-6 所示。

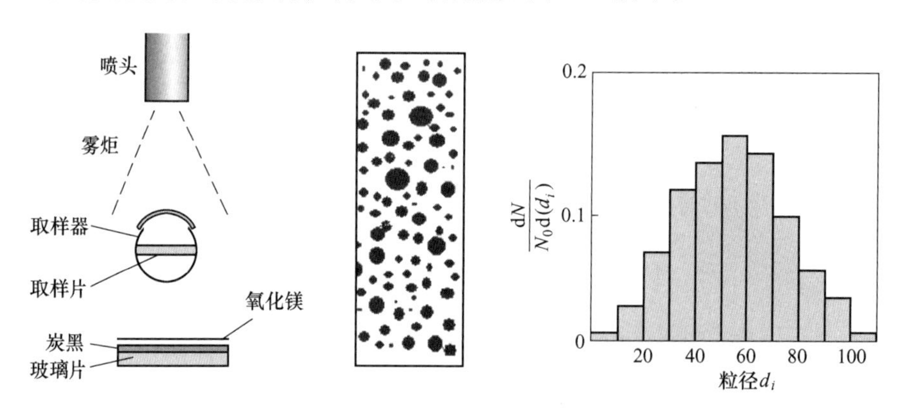

图 12-6　印痕法示意图

Rosin 和 Rammlar 于 1933 年在研究破碎煤粉颗粒尺寸分布时，归纳出一个经验公式，后被广泛应用于物料的粉碎、液体的雾化等领域：

$$R = \frac{M}{M_0} = \frac{V}{V_0} = 1 - e^{-\left(\frac{d_i}{\bar{d}}\right)^n} \tag{12-6}$$

式中，R 为直径小于 d_i 液滴的质量（或容积）占总液滴质量（或容积）的分数；$\bar{d}$ 为特征尺寸，质量（或容积）分布中 $(1-R)=\frac{1}{e}$ 所对应的直径；n 为均匀性指数，n 越大，颗粒越均匀。

上式是质量（或容积）积分分布，若要表示为质量（或容积）微分分布，则只要将上式进行微分即可，微分后形式如下：

$$\frac{dR}{d(d_i)}=\frac{dM}{M_0 d(d_i)}=\frac{dV}{V_0 d(d_i)}=\frac{n d_i^{n-1}}{\bar{d}^n} e^{-\left(\frac{d_i}{\bar{d}}\right)^n} \tag{12-7}$$

Rosin-Rammlar 分布的另一种表达式为

$$R=\frac{M}{M_0}=\frac{V}{V_0}=1-e^{-0.693\left(\frac{d_i}{d_m}\right)^n} \tag{12-8}$$

式中，d_m 为特征尺寸，质量（或容积）分布中 $R=0.5$ 所对应的直径，通常称为质量中间直径（mass medium diameter），有时简写为 MMD。

在液滴的评价参数中，平均直径也是很重要的指标。平均直径是指设想有一个液滴尺寸均匀的液雾，它在某方面的特性可以代表实际的液滴尺寸不均匀液雾的特性，那么这个假想的均匀液雾的液滴直径就代表实际液雾的平均直径。

例如 1：考虑液体喷雾的蒸发问题。

在静止气流中单液滴的蒸发速率为

$$\frac{dG_i}{dt}=-Kd_i \tag{12-9}$$

式中，G_i 为直径为 d_i 的液滴质量。均匀液滴（直径为 $\bar{d}$ ）喷雾的平均蒸发速率和总蒸发速率为

$$\frac{dG}{dt}=-N_0 K\bar{d} \qquad \frac{dG}{N_0 dt}=-K\bar{d} \tag{12-10}$$

而实际液滴不均匀的喷雾，其总蒸发速率为

$$\frac{d(\sum G_i)}{dt}=-K\sum d_i \tag{12-11}$$

对上式两边同除液滴总数 N_0，即可得到实际不均匀液雾的平均蒸发速率：

$$\frac{d(\sum G_i)}{N_0 dt}=-K\frac{\sum d_i}{N_0}=-Kd_{10} \tag{12-12}$$

式中，d_{10} 为实际喷雾液滴的算术平均直径或线性平均直径。

如果尺寸均匀喷雾与实际尺寸不均匀喷雾在蒸发速率上等效，即可得到

$$d_{10}=\bar{d}$$

若已知雾炬液滴尺寸的数量微分分布，那么 d_{10} 可写为

$$d_{10}=\frac{\sum d_i}{N_0}=\frac{\int_{d_{min}}^{d_{max}} d_i dN}{\int_{d_{min}}^{d_{max}} dN}=\frac{\int_{d_{min}}^{d_{max}} d_i \frac{dN}{d(d_i)} d(d_i)}{\int_{d_{min}}^{d_{max}} \frac{dN}{d(d_i)} d(d_i)} \tag{12-13}$$

例如 2：考虑喷嘴的雾化效率问题。

雾化效率可定义为

$$\eta = \frac{\pi d_i^2 \sigma}{\frac{\pi}{6} d_i^3 \cdot \Delta p} = \frac{\text{形成小滴的表面能量为表面积与表面张力系数的乘积}}{\text{喷射的有效能量为液滴容积与压力降的乘积}} \tag{12-14}$$

雾化效率的定义可简写为

$$\eta = \frac{6\sigma d_i^2}{\Delta p d_i^3} \tag{12-15}$$

对于不均匀喷雾，其效率为

$$\eta' = \frac{6\sigma \sum d_i^2}{\Delta p \sum d_i^3} \tag{12-16}$$

而均匀喷雾（液滴直径为 $\bar{d}$ ）的效率为

$$\eta'' = \frac{\pi \bar{d}^2 \sigma}{\frac{\pi}{6} \bar{d}^3 \Delta p} = \frac{6\sigma}{\Delta p \bar{d}} \tag{12-17}$$

若在雾化效率方面等效，则应有 $\eta' = \eta''$，所以

$$\bar{d} = \frac{\sum d_i^3}{\sum d_i^2} = \frac{\int_{d_{\min}}^{d_{\max}} d_i^3 \frac{dN}{d(d_i)} d(d_i)}{\int_{d_{\min}}^{d_{\max}} d_i^2 \frac{dN}{d(d_i)} d(d_i)} = d_{32} \tag{12-18}$$

式中，d_{32}称为索太尔平均直径（Sauter mean diameter），常用 SMD 表示。它是研究雾化燃烧问题中常用的平均直径。

Mugele 和 Evans 把以上平均直径的定义归纳为一个通用的表达式：

$$d_{qp} = \left(\frac{\int_{d_{\min}}^{d_{\max}} d_i^q \frac{dN}{d(d_i)} d(d_i)}{\int_{d_{\min}}^{d_{\max}} d_i^p \frac{dN}{d(d_i)} d(d_i)} \right)^{(q-p)^{-1}} \tag{12-19}$$

使用何种平均直径取决于研究内容。另外应该注意，同一喷雾，使用不同的平均直径，其数值是不同的。常用的平均直径如表 12-1 所示。

表 12-1　常用平均直径

名　　称	p	q	$p+q$	应 用 范 围	MMD = 24
算数平均直径	0	1	1	蒸发、对比	5.5
表面平均直径	0	2	2	表面积控制过程、吸收	7.5

续表 12-1

名　称	p	q	$p+q$	应用范围	MMD=24
容积平均直径	0	3	3	容积控制过程	
表面直径	1	2	3	吸附	
容积直径	1	3	4	蒸发、分子扩散	13.5
索太尔平均直径	2	3	5	雾化效率、传质、燃烧	18.0

重油雾化后所形成颗粒群的运动轨迹组成了轮廓比较规则的油雾炬。一般说来，油雾炬的特性除了颗粒直径外还包括以下几项：

（1）雾化角。雾化角即油雾炬的张角。雾化角大，则可形成张角较大的、短而粗的火焰；反之，则可形成细而长的火焰。各种喷嘴所形成的油雾炬的形状不同，并与工况参数有关。雾化角通常包括出口雾化角和条件雾化角（图 12-7）。

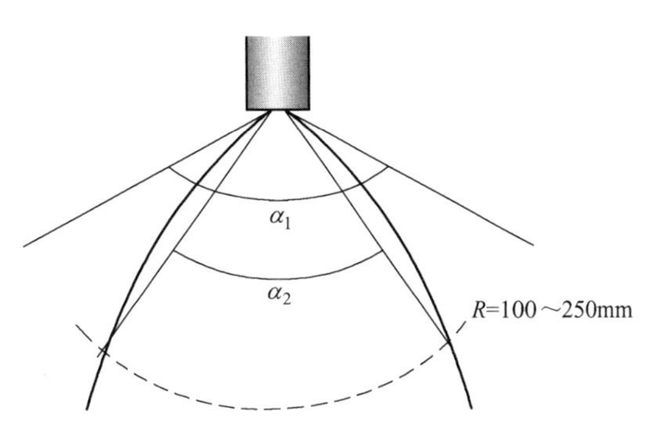

图 12-7　雾化角示意图

出口雾化角 α_1：喷嘴出口与雾炬边缘切线所夹之角。

条件雾化角 α_2：以喷口为圆心，以 100～250mm 为半径作弧，喷口和圆弧与雾炬边缘交点间的夹角。

（2）雾化炬射程。在水平喷射时，雾化后液滴降落前在轴线方向移动的距离，称为雾化炬射程（图 12-8 中 L）。显然，液滴直径是不均匀的，它们移动的距离是不相同的，甚至有极细小的颗粒会悬浮于气流之中而不降落。因此所谓射程的数值是非常粗略的。射程的远近主要取决于流体动力因素，一般来说，轴向速度越大，射程就越远。切向分速度越大，射程就越近。射程在一定程度上可以反映火焰长度，射程比较远的喷嘴形成长的火焰。但是射程与火焰长度是两个不同的概念，两者并不等同。

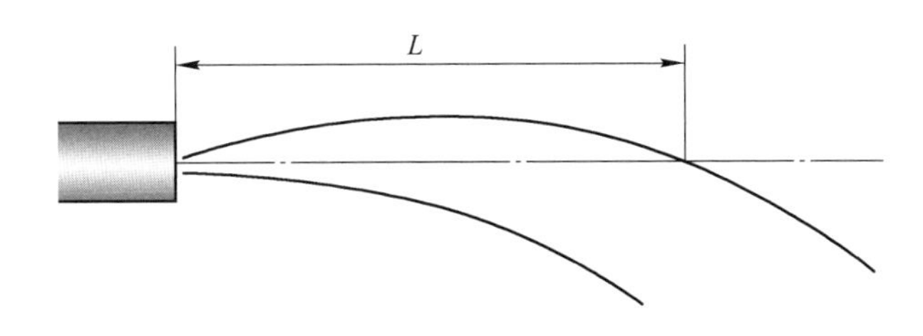

图 12-8　油雾射程示意图

（3）流量密度分布。雾化后液滴的流量密度指单位时间内在液滴运动的法线方向上，单位面积上所通过的液滴的流量。流量密度与喷嘴结构及工况参数有关，由实验测得。实验结果常表示为流量密度分布曲线，如图 12-9 所示。根据这类曲线，可以判断液滴群断面上液滴分布的均匀程度。

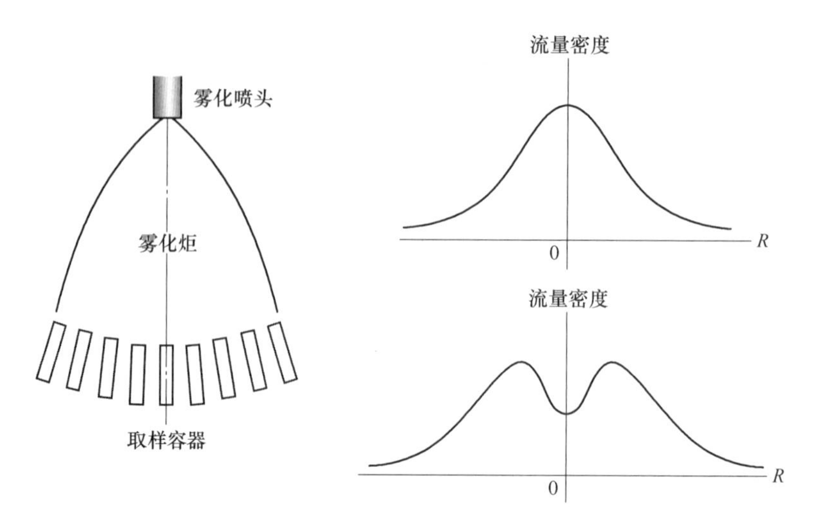

图 12-9　流量密度分布示意图

因此，通过以上分析，可将影响雾化质量的因素概括如下：

（1）油温的影响。对于重油等高黏度燃料，提高温度可以降低其黏度，从而有利于雾化质量的提高。例如，在燃烧高黏度重油时，不容易达到好的雾化质量，只有将重油预热到较高的温度，即将其黏度降低，雾化质量则可随之得到改善，而且雾化剂的喷出速度越小，黏度的影响越显著。另外，提高温度，燃油的表面张力系数也有所减小，但变化不太明显。

（2）雾化剂压力和消耗量的影响。一般来说，提高雾化剂压力，增加消耗量可以改善雾化质量，但雾化剂压力的高低应与燃油压力相匹配，过高可能造成“封油”。另外，雾化剂的消耗量（或称气耗率，即雾化单位质量的燃料所需雾化剂的质量）也是评价雾化器设计优劣的指标。好的雾化器应在满足雾化质量的条件下，有尽量低的气耗率。一般的高压气动喷嘴的气耗率可达 0. 2~0. 25。

（3）油压的影响。对于油压式喷嘴，提高油压可以改善雾化质量；对于气动式喷嘴，油压应与雾化剂压力相匹配。

（4）喷嘴结构的影响。

油出口断面形状：圆孔、圆环形、圆弧形，有单孔，也有多孔；

雾化剂出口断面形状：圆孔、圆环形、圆弧形，有单孔，也有多孔；

雾化剂与油的交角：Y-型、T-型；

雾化剂与油相遇的位置：外混、内混、半内混、一级、多级。

以上所叙雾化喷嘴的结构形式均会影响到雾化剂与油的相互作用力的大小、作用的面积及时间，因而影响雾化颗粒大小，同时也影响油雾的张角和流量密度分布。

12. 3　油的燃烧理论

油雾化后的燃烧过程非常复杂，本节以油燃烧为例仅简要讨论单油滴蒸发燃烧模型及油雾燃烧模型。

（1）单油滴蒸发燃烧模型。单油滴的蒸发燃烧过程假设条件及过程描写（相对静止）

如下：

1）油滴与周围环境无相对速度，油滴为球形，在蒸发和燃烧过程中，油滴与火焰面均保持为球形；

2）油滴与其表面温度一致，处于其饱和温度。油蒸发后向外扩散，在与外部氧达到化学当量比时开始燃烧，形成火焰面；

3）火焰面产生的热量同时向外向内传导，向内传导的热量一部分作为蒸发潜热，另一部分用于油蒸气升温；

4）油蒸气由油滴表面向火焰面扩散，但不能穿过火焰面，氧由环境向火焰面扩散，也不能穿过火焰面，即在火焰面上燃料及氧化剂浓度 $y_F = y_{ox} = 0$，燃烧产物浓度 $y_P = 1$，产物由火焰面分别向内向外扩散；

5）忽略辐射散热，火焰面温度为理论燃烧温度；

6）计算中导热系数及扩散系数等认为是均匀的，不随温度和浓度的不同而变化。

单个油滴燃烧过程物理模型如图 12-10 所示，其中 T_0 为液滴表面温度，T_f 为火焰面温度，T_∞ 为环境温度。y_f、y_{ox} 及 y_p 分别为燃料、氧化剂及燃烧产物浓度。

在火焰面内部，设有一半径为 $r(r_0 \leqslant r \leqslant r_f)$ 的球面（物理模型如图 12-11 所示），通过该球面向内传导的热量等于油滴表面的气化潜热加油蒸气从 T_0 升到 T 所需热量，即

$$4\pi r^2 \lambda \frac{dT}{dr} = G[c_p(T - T_0) + q_e] \tag{12-20}$$

式中，T 为半径为 r 球面的温度，K；G 为油的蒸发速率，kg/s；T_0 为油滴表面温度，等于油的饱和蒸发温度（实际稍低于饱和温度），K；q_e为气化潜热，kJ/kg。

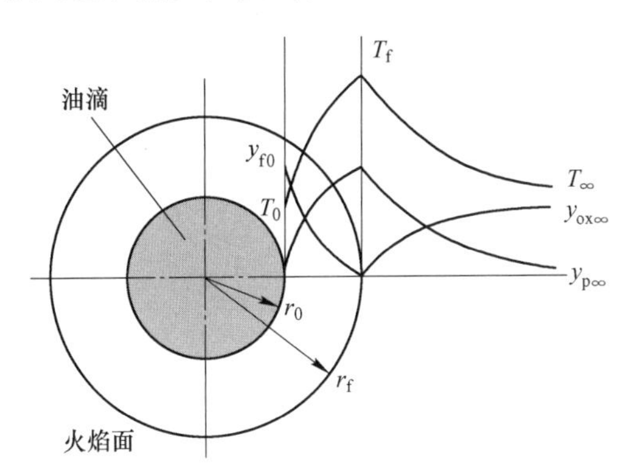

图 12-10　单个油滴燃烧过程物理模型示意图

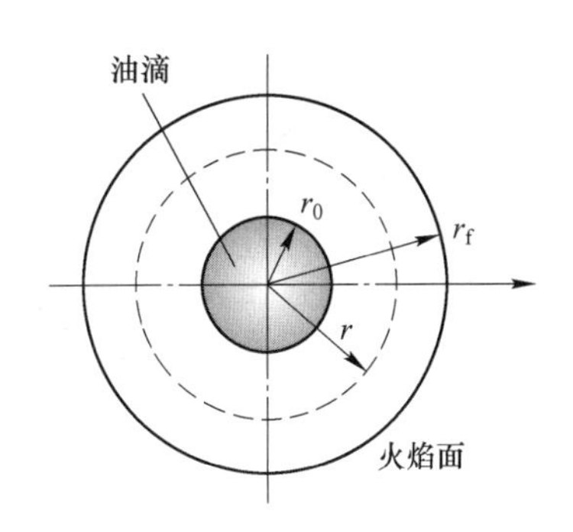

图 12-11　增加假设球面后的物理模型示意图

分离变量后式（12-20）可以写为

$$4\pi\lambda \frac{dT}{c_p(T - T_0) + q_e} = G\frac{dr}{r^2} \tag{12-21}$$

将上式从油滴表面（r_0，T_0）到火焰面（r_f，T_f）进行积分，可得

$$\int_{T_0}^{T_f} 4\pi\lambda \frac{dT}{c_p(T - T_0) + q_e} = \int_{r_0}^{r_f} G\frac{dr}{r^2} \tag{12-22}$$

$$\frac{4\pi\lambda}{c_p}\ln\frac{c_p(T_f - T_0) + q_e}{q_e} = G\left(\frac{1}{r_0} - \frac{1}{r_f}\right) \tag{12-23}$$

所以有

$$G = \frac{4\pi\lambda}{c_p\left(\frac{1}{r_0} - \frac{1}{r_f}\right)}\ln\left[1 + \frac{c_p}{q_e}(T_f - T_0)\right] \tag{12-24}$$

上式是燃烧时油的蒸发速率（即燃烧速率）的表达式。从式中可以看出，燃烧温度 T_f 越高，火焰面离油滴表面越近(即 $r_f - r_0$ 越小)，燃烧速率 G 越大。现在来确定火焰面的半径 r_f。设火焰面之外有一半径为 r 的球面（物理模型如图 12-12 所示），氧通过这个球面向中心扩散的速率必然等于火焰面上所消耗掉的氧量。因此，有

$$4\pi r^2 \rho D \frac{dy_{ox}}{dr} = \beta G \tag{12-25}$$

式中，y_{ox} 为氧的浓度；D 为氧的分子扩散系数；β 为化学质量当量比，由反应式决定。

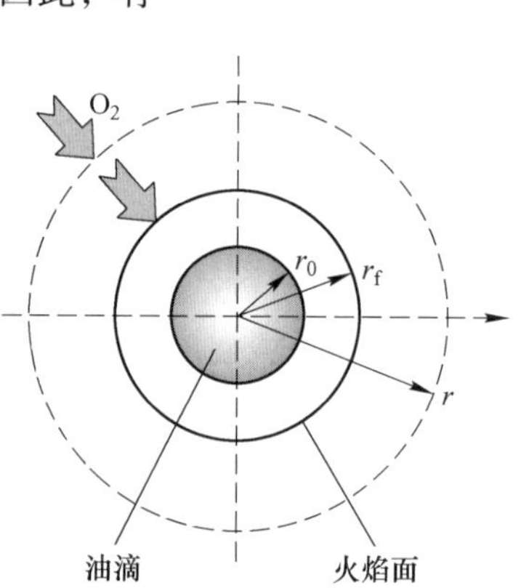

图 12-12　火焰面之外增加假设面后的物理模型示意图

分离变量后上式可以写为

$$4\pi\rho D dy_{ox} = \frac{\beta G}{r^2}dr \tag{12-26}$$

将上式从火焰面到无穷远处进行积分：

$$\int_0^{y_{ox\infty}} 4\pi\rho D dy_{ox} = \int_{r_f}^{\infty} \frac{\beta G dr}{r^2} \tag{12-27}$$

可得

$$4\pi\rho D y_{ox\infty} = \frac{\beta G}{r_f} \tag{12-28}$$

可得火焰面半径为

$$r_f = \frac{\beta G}{4\pi\rho D y_{ox\infty}} \tag{12-29}$$

将火焰面半径式代入油的蒸发速率表达式，即可得

$$G = 4\pi r_0\left\{\frac{\lambda}{c_p}\ln\left[1 + \frac{c_p}{q_e}(T_f - T_0)\right] + \frac{\rho D y_{ox\infty}}{\beta}\right\} \tag{12-30}$$

现讨论油滴的燃尽规律。设任意时刻 t 时油滴的半径为 r(直径为 d)，油的蒸发速率表达式改写为

$$G = \frac{\pi\rho_f d}{4} \times \frac{8}{\rho_f}\left\{\frac{\lambda}{c_p}\ln\left[1 + \frac{c_p}{q_e}(T_f - T_0)\right] + \frac{\rho D y_{ox\infty}}{\beta}\right\} \tag{12-31}$$

令 $K = \frac{8}{\rho_f}\left\{\frac{\lambda}{c_p}\ln\left[1 + \frac{c_p}{q_e}(T_f - T_0)\right] + \frac{\rho D y_{ox\infty}}{\beta}\right\}$，所以有

$$G = \frac{\pi K \rho_f d}{4} \tag{12-32}$$

另外，油滴燃烧过程中直径不断减小，所以又有

$$G = -\rho_f \frac{d}{dt}\left(\frac{\pi}{6}d^3\right) = -\frac{\rho_f \pi (d)^2}{2} \times \frac{d(d)}{dt} \tag{12-33}$$

联立式（12-32）及式（12-33），有

$$2(d)\mathrm{d}(d)=-K\mathrm{d}t \tag{12-34}$$

即

$$\mathrm{d}(d^2)=-K\mathrm{d}t \tag{12-35}$$

油滴由初始直径 d_0 燃烧到直径为 d 时所需时间为 t，积分上式可得

$$\int_{d_0}^{d}\mathrm{d}(d^2)=\int_{0}^{t}-K\mathrm{d}t \tag{12-36}$$

即

$$d^2-d_0^2=-Kt \tag{12-37}$$

由上式可以看出，油滴直径的平方随时间的变化呈直线关系。单个油滴的燃尽时间为

$$t=\frac{d_0^2-d^2}{K} \tag{12-38}$$

油滴全部烧完，即 $d=0$，其燃尽时间为

$$t=\frac{d_0^2}{K} \tag{12-39}$$

式中，K 为燃烧常数。K 越大（燃烧温度越高，环境氧浓度越大，油蒸气的导热系数越大，比热容越小），燃烧时间越短，油滴直径越小，燃烧时间越短。因此，良好的雾化是液体燃料高效燃烧的关键。几种常用液体燃料的燃烧常数如表 12-2 所示。

表 12-2　几种常用液体燃料的燃烧常数

液体燃料种类	汽油	酒精	煤油	轻柴油	重油
空气温度/℃	700	800	700	700	700
燃烧常数 $K/\mathrm{mm^2\cdot s^{-1}}$	1.10	1.60	1.12	1.11	0.93

（2）油雾燃烧模型。油雾的燃烧情况十分复杂，目前仍无完备的理论模型。一般可根据液滴的大小，液滴之间的疏密情况，液滴挥发性的好坏，与氧化剂的混合条件以及环境温度的高低来建立燃烧模型，模型建立的准则数 G 定义如下：

$$\text{准则数 } G=\frac{\text{两相间总传热速率}}{\text{液滴蒸发吸热率}}=\begin{cases}G>10^2\text{，外层燃烧}\\1<G<10^2\text{，外部群燃烧}\\10^{-2}<G<1\text{，内部群燃烧}\\G<10^{-2}\text{，完全单滴燃烧}\end{cases}$$

各种燃烧状态的示意图如图 12-13 所示。

实际上，重油在炉内的燃烧是以油雾炬的形式燃烧，因此，各个油粒在同一时间并不经受同一阶段。油雾炬的燃烧过程如图 12-14 所示。重油由油喷口喷出后，首先开始雾化过程，这一过程是在比较短的距离内就结束了的，此后油的颗粒不再因雾化作用而变小。雾化以后，油粒即被加热，然后蒸发。伴随着蒸发，有些颗粒和部分油蒸气就开始热解和裂化。当空气流股和油流股相接触时，就开始了混合过程。但是两个流股的混合，是逐渐进行的，流股的边缘处先进行混合，流股中心处则要经过一段较长距离，空气才能与油雾混合。当某一处空气和油雾中的气体混合达到一定比例，并且温度达到着火温度时，则即着火。由于混合过程较长，所以是边混合边燃烧，形成了有一定长度的火焰。

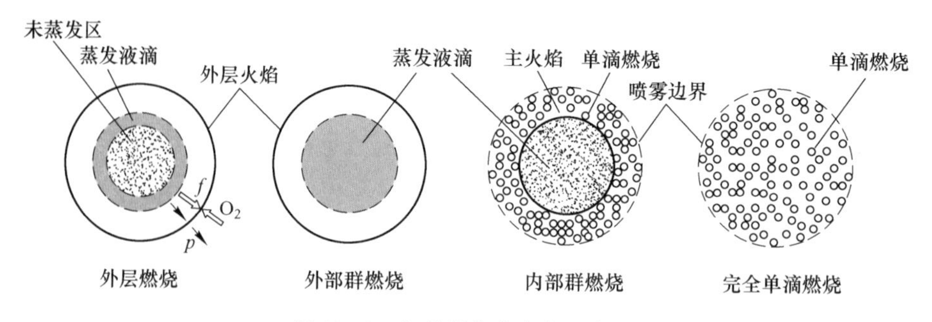

图 12-13　各种燃烧状态的示意图

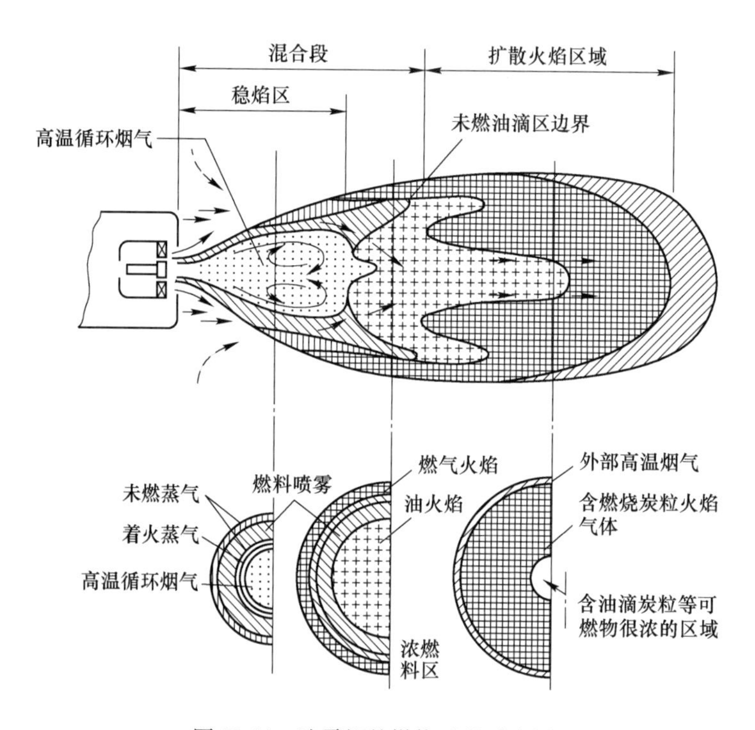

图 12-14　油雾炬的燃烧过程示意图

油的燃烧过程中，雾化应看作是燃烧的先决条件。只有雾化得很细，油颗粒的单位表面积才足够大，蒸发才能加快。但只有蒸发得快还不够，还必须使蒸发的气态产物与空气迅速混合，才能迅速燃烧。反过来，燃烧越快，产生的热量会将新鲜的油雾越快地加热，使之蒸发。宏观地说，油的雾化和油与空气的混合取决于流体力学的条件，燃烧室的高温主要取决于燃烧室的热量平衡条件。这些是可以采取改变操作和结构参数的手段加以控制的。然而，油的蒸发、热解和裂化则是在燃烧室内“自发”进行的；当燃料种类、雾化颗粒度、气氛、温度等条件一定时，这些过程的速度和产物便被决定了。同时，像雾化颗粒度、气氛、温度等条件，又是被雾化和混合条件所决定的。总之，人们控制油燃烧的手段，主要是控制雾化和混合过程，而对油的蒸发热解、裂化等，则是通过雾化和混合过程对它们施加影响，而不去直接控制。

在燃烧室中，有些液滴还可以与燃烧室壁或其他固体物（例如用来做火焰稳定器或点火器的高温耐火砖壁）碰撞，重油在固体表面上蒸发，并被气流带入而混合燃烧。这时固体表面上形成点火热源，有利于稳定燃烧和提高燃烧完全程度。但是，如果是与较冷表面碰撞，或者固体表面附近为缺氧介质，则将在固体表面形成焦壳，油蒸气也不会完全燃烧。

除了雾化与混合之外，重油燃烧过程中，由于有蒸发等吸热作用，因而其着火过程中加热阶段的时间（包括把油加热到沸点；油气化为蒸气；组成燃料-空气可燃混合物，把可燃混合物加热到着火温度的时间，以及化学感应期的时间）和气体燃料相比要长得多。因此，为了强化重油的燃烧过程，必须缩短着火过程的加热时间。这就要求重油火焰的点火热源（包括初始点火和连续点火）的能力要大一些，点火热源（区域）的温度要尽量高一些。常采用的方法有，向火焰根部强化高温燃烧产物的再循环；设置火焰稳定器造成局部高温气流循环；用高温的烧嘴砖或设置高温点火砖；向火焰中分段供应空气，避免大量空气在火焰根部造成冷却效果等。

12.4 燃油燃烧器

燃油燃烧器主要根据其雾化机理进行划分，燃烧器主要种类如下：

（1）气动雾化燃油燃烧器。根据雾化介质的压力高低可分为：

1）高压雾化喷嘴（>0.1MPa），用压缩空气或高压蒸气作雾化介质，另有离心风机提供低压风作助燃空气，雾化喷嘴与配风器（register）可分开；

2）中压雾化喷嘴（10~100kPa），用罗茨风机提供的高压风作雾化剂；

3）低压雾化喷嘴（5~10kPa），用高压离心风机提供的空气一部分作雾化剂，另一部分作助燃空气。

（2）机械（油压）式燃烧器。雾化器有直流和旋流（离心）式两种，燃烧器由雾化喷嘴和配风器构成。

（3）转杯式燃烧器。采用转杯对油进行雾化并进行燃烧。

本节对于燃油燃烧器的详细工作原理不进行分析，仅对典型燃油燃烧器结构具有初步认识即可，典型燃烧器结构示意图如图 12-15~图 12-17 所示。

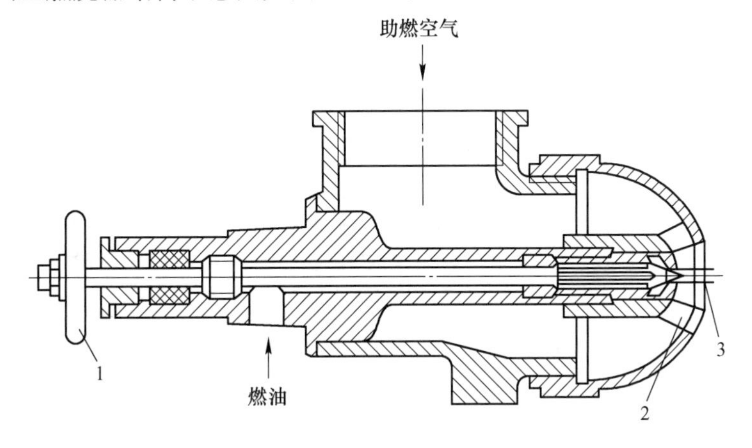

图 12-15　气动式 K-型涡流式低压油喷嘴

1—镇阀调节手轮；2—旋流叶片；3—喷口

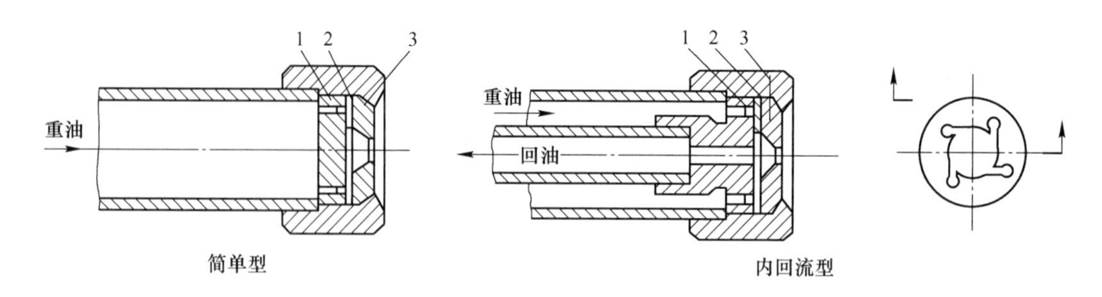

图 12-16 机械式炉用雾化喷嘴

1—分流片；2—离心涡流片；3—雾化片

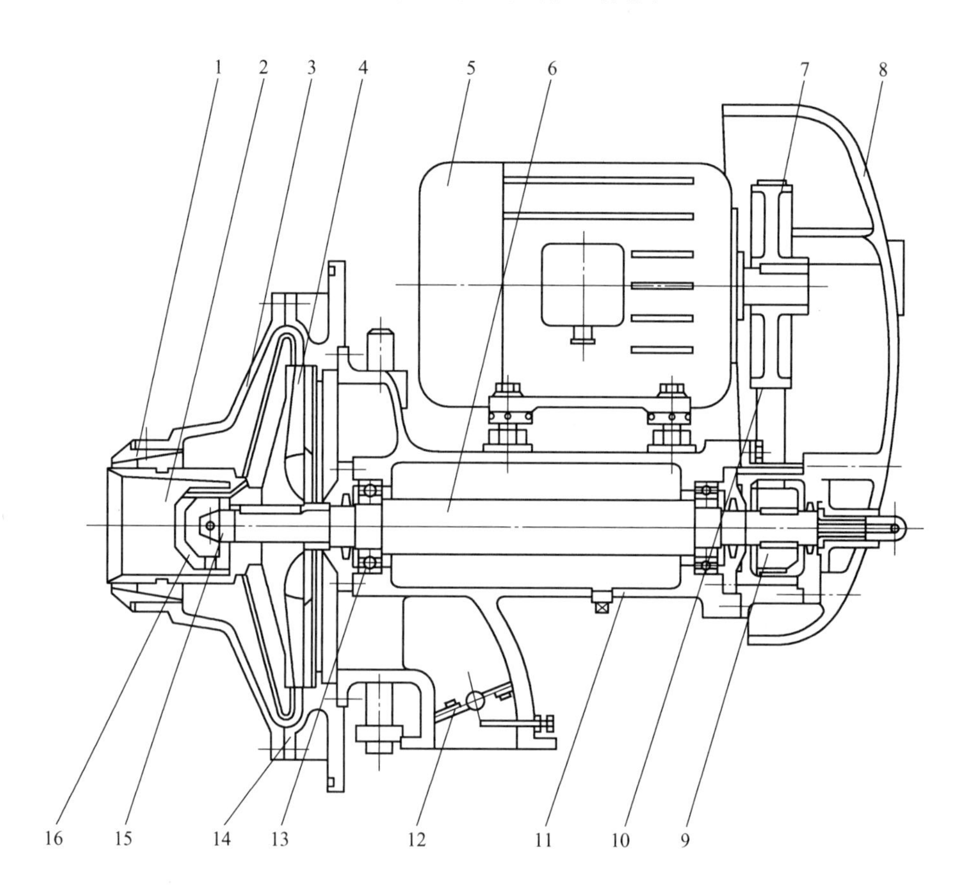

图 12-17 转杯式雾化喷嘴

1—导风嘴；2—转杯；3—风罩；4—叶轮；5—电动机；6—转轴；7—大皮带轮；8—皮带罩壳；9—小皮带轮；10—传动皮带；11—主体；12—一次风调节装置；13—轴承；14—铰链盘；15—注油管；16—出油器

13 煤的燃烧理论与工业燃烧方法

本章要点

（1）掌握煤的燃烧理论及炭粒的燃烧理论；

（2）了解挥发分的燃烧过程及工业燃煤方法。

煤燃烧的火焰结构与煤的性质、煤粉的粒度、煤粉的初始浓度及浓度分布、煤粉与空气的混合速度，以及周围环境温度等因素有关。

13.1 煤的燃烧过程概述

煤粒的燃烧过程比较复杂。煤粒在燃烧过程中将发生一系列变化，例如黏结、膨胀、析出水分和挥发物，生成焦炭，挥发物和焦炭的燃烧，生成灰分。当煤粒进入高温含氧介质的燃烧室中后，煤的热分解析出挥发物过程为快速热分解过程，即比通常挥发物测定过程要迅速得多，而且实际的挥发物产率也比煤样工业分析给出的数量要多。

煤的燃烧过程在一般情况下要经历如下几个阶段：受外部加热温度升高、水分蒸发、热分解释出挥发分、挥发分燃烧、炭粒着火燃烧、炭粒燃尽。在整个过程中会经历挥发分着火燃烧和炭粒着火燃烧，其中挥发分的燃烧过程属于同相燃烧，炭粒的燃烧属于异相燃烧。煤着火燃烧过程与加热速率及颗粒粒径关系示意图如图 13-1 所示，其燃烧特点主要如下：

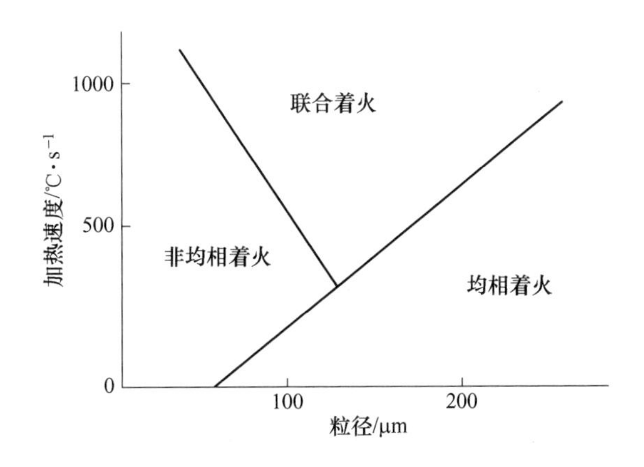

图 13-1　煤着火燃烧过程与加热速率及颗粒粒径关系示意图

（1）整个燃烧过程有两次着火，一次是挥发分的着火，另一次是炭粒表面的非均相着火。

（2）在较低加热速率条件下，先放出其80%～90%的挥发分，呈指数规律递减，挥发分着火后在离开表面一定距离处形成一明亮火焰。挥发分燃烧时间占总燃烧时间10%左右，其发热量占总发热量的分数在数量上与其质量分数相当；挥发分燃烧基本结束后，氧扩散到固体表面，炭粒开始着火燃烧。

（3）如果煤粒在极强的加热条件下，也可能煤粒升温速率大于挥发分析出速率，造成表面先着火。煤粒由于燃烧受热，挥发分析出更多。

（4）焦炭的份额大，着火迟，燃尽时间长，其发热量是主要部分，所以焦炭的燃烧在煤燃烧中起着决定性的作用。

13.2　煤的热解和挥发分的燃烧

挥发分是煤的重要组成部分，煤的热解就是挥发分释出的过程，释出的挥发分可以和氧气进行燃烧反应，其燃烧过程类似于气体燃料的燃烧，属于同相燃烧。煤的热解过程根据其热解速率可以分为快速热分解、中速热分解和低速热分解，各种热解速率对应的主要参数如表13-1所示。

表13-1　煤热解时的主要参数

分　类	加热速率/℃・s^{-1}	热解时间	煤粒尺寸/μm	实　例
快速热分解	$>10^4$	<1s	<100	煤粉燃烧与气化
中速热分解	$10\sim10^4$	1s～1min		固定床、流化床燃烧，工业分析等
低速热分解	1～10	1min～10h		炼焦，热天平分析等

煤的热解产物主要包括水分、二氧化碳、甲烷等成分，各种产物基本都是由煤中各个官能团分解产生，热解产物释出关系示意图如图13-2所示。

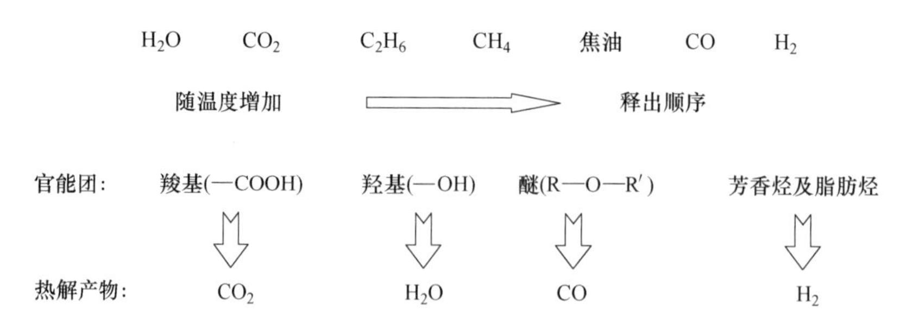

图13-2　热解产物释出规律示意图

煤在热解过程中释出挥发分总量与加热终温有很大关系，加热终温基本决定了挥发分的释出率。挥发分释出率与加热温度及加热时间的关系如表13-2和图13-3所示。

表 13-2 挥发分释出率与加热终温的关系

加热终温/K	挥发分释出率/%
800	38.3
1390	48.0
1720	60.0
2170	71.0

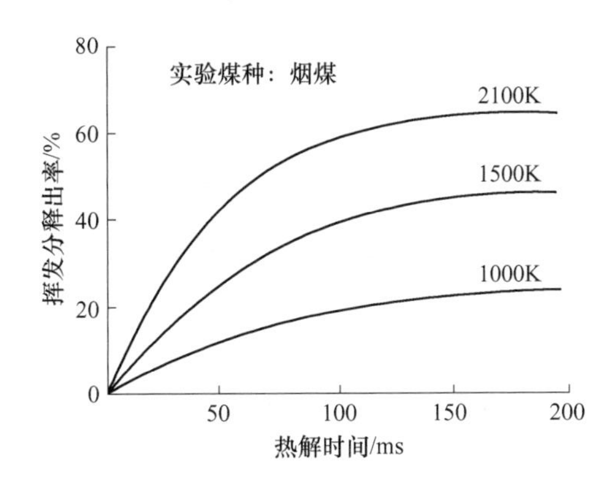

图 13-3 挥发分释出率与温度及时间的关系

煤的热解过程模型较多，本节主要介绍以下几种热解过程模型。

（1）一步反应模型。一步反应模型是 Badzioch 等人 1970 年提出的，该模型认为从煤中释出挥发分的质量速率服从 Arrhenius 定律，可用下式表示：

$$\begin{cases} \dfrac{\mathrm{d}V}{\mathrm{d}t} = K(V_\infty - V) \\ K = k_0 \exp\left(-\dfrac{E}{RT}\right) \end{cases} \tag{13-1}$$

式中，V 为 t 时刻已释出挥发分的质量分数；V_∞ 为当时间 $t \to \infty$ 时，最终能释出的质量分数；E 为热解反应活化能；k_0 为热解反应频率因子；R 为通用气体常数；T 为温度。

在一般中等温度时，这个模型给出的结果比较合适。由于 E、V_∞、k_0 都与温度有关，它们的数值在较低或较高的温度下会有很大的不同。因此，在很大的温度变化范围内仍用该式计算就会产生较大的偏差。

（2）两个平行反应方程模型。Stickler 等人 1976 年提出用两个平行的互相竞争的一级反应来描述煤的热解过程，每一个一级反应有一套动力学参数，因此可以使得在温度较低时一个起主要作用，而在温度较高时另一个起主要作用。

两个平行反应同时将煤的一部分（α_1 和 α_2）热解为挥发分 V_1 和 V_2，另一部分则变成焦炭 R_1 和 R_2，即

$$煤 \xrightarrow{K_1} V_1(\alpha_1) + R_1(1-\alpha_1)$$

$$煤 \xrightarrow{K_2} V_2(\alpha_2) + R_2(1-\alpha_2)$$

其中，K_1、K_2 是服从 Arrhenius 公式的热解反应速率常数，分别为：

$$\begin{cases} K_n = k_{0n}\exp\left(-\dfrac{E_n}{RT}\right) \\ n = 1,\ 2 \end{cases} \tag{13-2}$$

式中，k_{0n}为频率因子或指数前因子；α_1、α_2 分别为挥发分在两个反应中所占的质量分数。对于烟煤和褐煤，Stickler 给出如下计算参数（表 13-3），能取得较好的结果。

表 13-3　烟煤和褐煤计算参数

k_{01}	$3.7\times10^{5}\,s^{-1}$	k_{02}	$1.46\times10^{13}\,s^{-1}$
E_1	7.4×10^{4} J/mol	E_2	2.5×10^{5} J/mol
α_1	0.38	α_2	0.80

由以上参数分别进行计算，列于表 13-4 中。可以看出，在低温时第一个反应起主要作用，而在高温时第二个反应起主要作用。这样就弥补了一步反应模型只适用于有限温度范围的局限性，扩大了适用温度范围。

表 13-4　两个平行反应方程模型参数

温度/K	K_1	K_2	K_1/K_2
500	0.64×10^{-2}	0.52×10^{-13}	0.12×10^{12}
700	0.11×10^{2}	0.19×10^{-5}	0.57×10^{6}
1000	0.49×10^{2}	0.87×10^{0}	0.56×10^{2}
1200	0.22×10^{3}	0.14×10^{3}	0.16×10^{1}
1500	0.95×10^{3}	0.22×10^{5}	0.43×10^{-1}
1700	0.19×10^{4}	0.24×10^{6}	0.79×10^{-2}
2100	0.52×10^{4}	0.73×10^{7}	0.71×10^{-3}

（3）其他热解模型。其他的热解模型主要包括：

1）无限多个平行反应模型：假定 E_i 是一个连续的正态分布的参数，k_{0i}是一个常数。

2）多组分单方程模型：不同的官能团热解时产生不同的产物，各官能团的热解速率常数是不变的，而煤的总挥发分随煤种而变，是因为各官能团在不同的煤中含量不同。

3）通用热解模型（Fu-Zhang 模型）：E、k_0 与煤种无关，但与加热终温及加热速率有关。V_m 与煤的种类、颗粒尺寸及加热条件有关，其析出规律可用 Arrhenius 公式表示。

挥发分的燃烧类似于气体燃料的燃烧过程，但其研究的难点在于组分难以确定（组分体积分数与煤种、热解温度或热解时间有关）及环境条件难以确定（温度、氧浓度、混合条件）。

在研究过程中可采用近似方法进行研究，主要的近似方法如下：

（1）局部平衡法。当温度足够高时，热解产物与氧化性气体处于热力学平衡状态，这时热解产物的燃烧完全取决于热解产物与环境的扩散过程。无须知道热解产物的组分，只需要知道热解产物的元素成分即可计算燃烧放热和最终生成物的组分。

（2）总体反应法。将碳氢化合物燃烧机理归纳为一个反应。假定碳氢化合物燃烧生成 CO 和其他产物，允许它们进一步进行反应。

（3）完全反应法。把热解产物的每一种组分的反应机理结合起来，形成整体的热解产物反应机理，但目前还不能准确确定热解产物组分以及各种组分的反应动力学数据，所以还不能实现。目前对甲烷及一些小分子烃类化合物（C_2H_6、C_2H_4、C_2H_2）研究较为深入，它们的氧化反应速率统一用下式表示（式中各基元反应的参数 a、b、E 都已经得到）：

$$k = 10^a T^b \exp\left(-\frac{E}{RT}\right) \tag{13-3}$$

13.3 炭粒燃烧理论

炭粒在空气中的燃烧属于异相燃烧，和同相燃烧相比，异相燃烧要复杂得多。在异相燃烧时，可燃物与氧化剂的分子接触要靠各相之间的扩散作用，燃烧速度与物理扩散过程有着更为密切的联系。

炭粒在燃烧过程中，碳的反应包括主反应（C 与 O_2 的反应）和二次反应（C 与 CO_2 的反应及 CO 与 O_2 的反应）（表 13-5）。C 与 O_2 的反应及 C 与 CO_2 的反应属于在相界上进行的异相反应。

表 13-5　炭粒燃烧主反应与二次反应

项　目	主反应	反应热	反应类型	
主反应	$C+O_2=CO_2$	40.9×10^4 J/mol	(1)	表面反应
主反应	$CO+0.5O_2=CO_2$	12.3×10^4 J/mol	(2)	
二次反应	$C+CO_2=2CO$	-16.2×10^4 J/mol	(3)	
二次反应	$CO+0.5O_2=CO_2$	28.6×10^4 J/mol	空间反应	

以上反应的反应级数在 0~1 之间，本节计算时取为 1 级反应。

在碳的整个燃烧化学反应过程中，主反应与二次反应之间的偶合与温度有很大的关系。在什么温度条件下，哪几个反应起主导作用，哪几个反应可以忽略？炭粒的实际燃烧过程是什么样的？现以一炭粒在静止空气中燃烧，来分析说明起燃烧反应的进行情况。

（1）炭粒温度低于 800℃。当温度较低时，生成 CO_2 与 CO 的浓度基本相等，均向外扩散（图 13-4）。由于炭粒温度不高，二次反应不会进行。即 CO 的浓度还不够高，温度又较低，所以不会与氧发生燃烧反应；CO_2 与炭粒表面的还原反应也由于温度较低而不会进行。

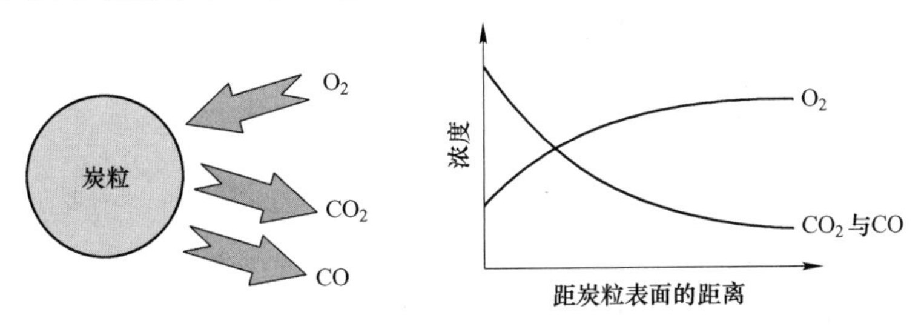

图 13-4　炭粒温度低于 800℃时的燃烧状况示意图

（2）炭粒温度为800～1200℃。在主反应生成物CO_2与CO中，其中的CO_2在该温度下仍不能与C进行还原反应；但CO能够与O_2进行空间反应，并形成火焰面。反应生成的CO_2与表面反应生成的CO_2汇合后，再向周围环境扩散。经过空间反应后剩余的O_2扩散到炭粒表面，因此其浓度较低，该温度下的反应示意图如图13-5所示。

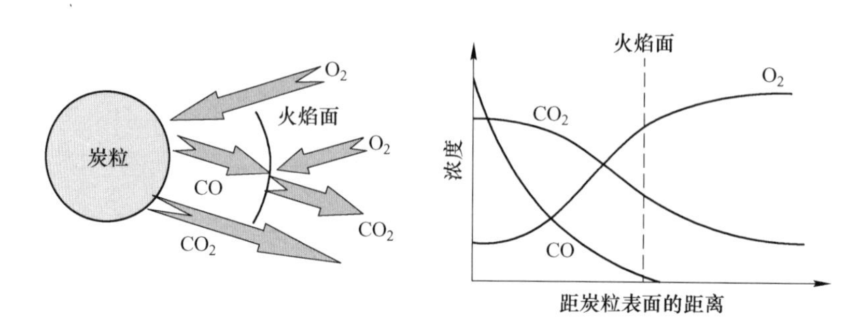

图13-5 炭粒温度为800～1200℃时的燃烧状况示意图

（3）炭粒温度高于1200℃。由于温度的升高，在表面生成了更多的CO，同时CO_2与C的还原反应也得到了加速，这样就增加了向外扩散的CO的量。当温度高于1200～1300℃时，表面反应生成的CO与向炭粒表面扩散过来的O_2进行空间反应，生成CO_2，形成火焰面。火焰面上CO_2浓度达到最大值，并向两侧扩散。到达炭粒表面的CO_2与炭粒进行还原反应，所需的热量由火焰面提供。这时O_2实际已经不能到达炭粒表面。碳的燃烧只有二次反应，该温度下的反应示意图如图13-6所示。

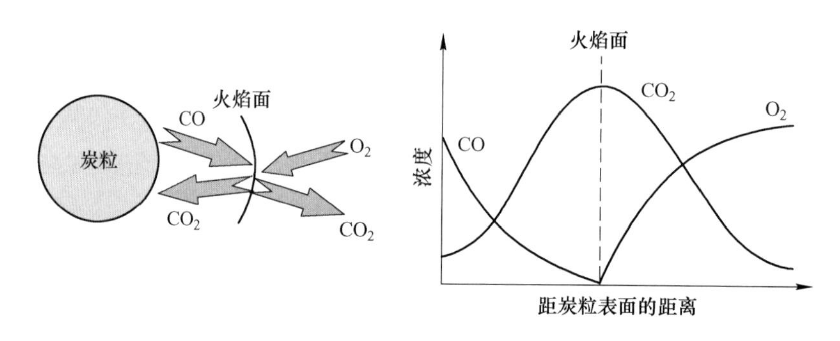

图13-6 炭粒温度高于1200℃时的燃烧状况示意图

如果炭粒不是在静止气流中，而是在运动气流中燃烧时，迎风面和背风面会出现不同的反应情况。迎风面供O_2充分，能生成CO和CO_2，背风面由于受CO和CO_2包围，得不到O_2的补充。在高温下，CO_2会在炭粒的背风面和C发生还原反应生成CO；而在小于1200℃时，CO_2与C的还原反应不显著，炭粒的背风面将不参加反应，该过程反应示意图如图13-7所示。

下面讨论炭粒燃烧反应速率综合表达式，在进行理论推导之前，对炭粒的燃烧过程进行如下假设：

（1）炭粒为一直径为d的致密球体，不考虑表面裂缝；

（2）仅考虑碳的表面氧化反应，并认为是一级反应，不考虑二次反应的影响；

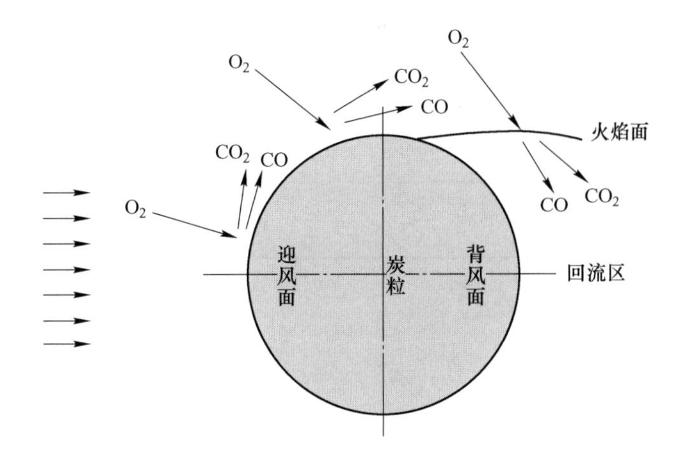

图 13-7　炭粒在运动气流中的燃烧反应示意图

（3）不考虑吸附与脱附过程的影响。

由周围环境向炭粒表面扩散氧的速率可由下式表示：

$$W_{O_2,D} = \alpha_D(\rho_{O_2,\infty} - \rho_{O_2,s}) \tag{13-4}$$

式中，α_D 为传质系数；$\rho_{O_2,\infty}$ 为周围环境氧质量浓度；$\rho_{O_2,s}$ 为炭粒表面氧浓度。

这些氧扩散到炭粒的表面被吸附后与碳进行化学反应。如果用氧的消耗速率来表示碳的燃烧速率 $W_{O_2,C}$，则

$$W_{O_2,C} = K_{O_2}\rho_{O_2,s} \tag{13-5}$$

其中：

$$K_{O_2} = k_{O_2,0}\exp\left(-\frac{E}{RT}\right) \tag{13-6}$$

在稳定燃烧时，有 $W_{O_2,D} = W_{O_2,C}$，因此，联立以上两式可得出：

$$\rho_{O_2,s} = \frac{\alpha_D}{\alpha_D + K_{O_2}}\rho_{O_2,\infty} \tag{13-7}$$

将上式代入式（13-5）中，有

$$W_{O_2,C} = K_{O_2}\rho_{O_2,s} = K_{O_2}\frac{\alpha_D}{\alpha_D + K_{O_2}}\rho_{O_2,\infty} = \frac{1}{\dfrac{1}{\alpha_D} + \dfrac{1}{K_{O_2}}}\rho_{O_2,\infty} = \overline{K}\rho_{O_2,\infty} \tag{13-8}$$

式中，$\overline{K}$ 为整体反应速率系数（即为整体阻力系数的倒数）。因此，当环境的氧浓度 $\rho_{O_2,\infty}$ 为常数时，碳的燃烧速率只与传质系数 α_D 和化学反应速度常数 K_{O_2} 有关，即

$$W_{O_2,C} = f(\alpha_D,\ K_{O_2}) \tag{13-9}$$

若进一步假设炭粒的传热传质规律类似于普通球体的传质规律，可得：

$$\alpha_D = \frac{Sh \cdot D}{d} \tag{13-10}$$

其中：

$$Sh = 2 + 0.6\,Re^{\frac{1}{2}}Sc^{\frac{1}{3}} \tag{13-11}$$

式中，Sh 称为Sherwood准则数；Sc 称为Schmidt准则数。它们的表达方式如表13-6所示。

表13-6 准则数表达方式

Sherwood准则数	Nusselt准则数	Schmidt准则数	Prandtl准则数
$Sh=\frac{\alpha_D d}{D}$	$Nu=\frac{\alpha d}{\lambda}$	$Sc=\frac{\nu}{D}$	$Pr=\frac{\nu}{a}$

这时 $W_{O_2,C}$ 式可写为如下形式：

$$W_{O_2,C}=\frac{1}{\frac{1}{\alpha_D}+\frac{1}{K_{O_2}}}\rho_{O_2,\infty}=\frac{1}{\frac{d}{Sh\cdot D}+\frac{1}{K_{O_2}}}\rho_{O_2,\infty} \tag{13-12}$$

当炭粒与气流之间的相对速度很小，即 Re 很低时，$Sh\approx 2$，所以 $\alpha_D=\frac{2D}{d}$。直接用碳的消耗速率来表示燃烧速率 W_C 为

$$W_C=fW_{O_2,C}=\frac{1}{\frac{d}{Sh\cdot D}+\frac{1}{K_{O_2}}}f\rho_{O_2,\infty}=\frac{1}{\frac{d}{Sh\cdot D}+\frac{1}{k_{O_2,0}\exp\left(-\frac{E}{RT}\right)}}f\rho y_{O_2,\infty} \tag{13-13}$$

上式就是炭粒燃烧反应速率表达式，式中 f 为以氧的消耗量为基准的质量化学当量比。

在已知炭粒燃烧反应速率的情况下，可以根据其反应速率计算炭粒燃烧时间。设炭粒直径为 d_c，在燃烧过程中直径减小（物理模型如图13-8所示），密度不变（即所谓缩球模型），在经过时间 dt 后，直径减小 $d(d_c)$。

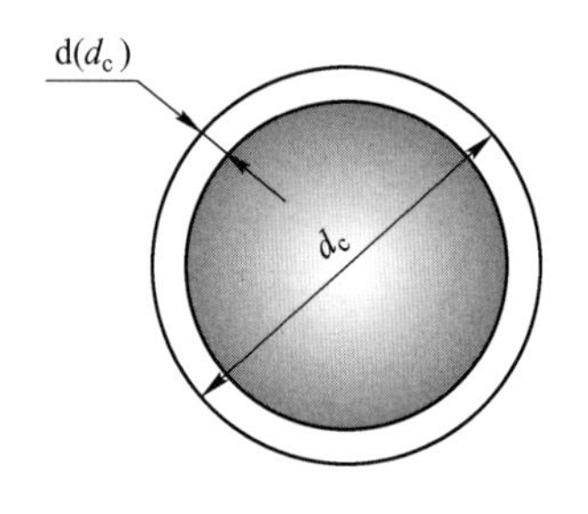

图13-8 炭粒燃烧反应物理模型示意图

炭球的总消耗速率可由下式表示：

$$W'_C=\pi d_c^2 W_C=\frac{\pi d_c^2 f\rho y_{O_2,\infty}}{\frac{d_c}{Sh\cdot D}+\frac{1}{k_{O_2,0}\exp\left(-\frac{E}{RT}\right)}} \tag{13-14}$$

根据炭粒体积关系，在时间 dt 内炭球的减小量为

$$W'_C=-\frac{d}{dt}\left(\rho_c\frac{\pi}{6}d_c^3\right)=-\frac{\pi}{2}\rho_c d_c^2\frac{d(d_c)}{dt} \tag{13-15}$$

联立以上两式可得

$$-\frac{\pi}{2}\rho_c d_c^2\frac{d(d_c)}{dt}=\pi d_c^2 W_C \tag{13-16}$$

即

$$\frac{d(d_c)}{dt}=-\frac{2W_C}{\rho_c} \tag{13-17}$$

对上式进行积分，就可得到燃烧时间与炭球直径的关系。

炭粒燃烧过程的快慢受化学反应和传质的综合影响，因此根据燃烧温度的高低和传质的强弱情况，可将炭粒燃烧划分为三个区：

（1）动力燃烧区。当温度很低时，化学反应速率常数 K_{O_2} 很小，使 $\frac{1}{K_{O_2}} \gg \frac{1}{\alpha_D}$；或者炭粒直径 d 很小，$\alpha_D \gg K_{O_2}$，也有 $\frac{1}{K_{O_2}} \gg \frac{1}{\alpha_D}$。这时炭粒燃烧整体反应速率常数可写为如下形式：

$$\overline{K} = \frac{1}{\frac{1}{\alpha_D} + \frac{1}{K_{O_2}}} \approx \frac{1}{\frac{1}{K_{O_2}}} = K_{O_2} \tag{13-18}$$

因此

$$\rho_{O_2,s} = \frac{\alpha_D}{\alpha_D + K_{O_2}} \rho_{O_2,\infty} \approx \rho_{O_2,\infty} \tag{13-19}$$

因此，动力区炭粒的燃烧反应速度为

$$W_C = \frac{1}{\frac{1}{\alpha_D} + \frac{1}{K_{O_2}}} f\rho y_{O_2,\infty} \approx fK_{O_2}\rho_{O_2,\infty} = fk_{O_2,0}\exp\left(-\frac{E}{RT}\right)\rho y_{O_2,\infty} \tag{13-20}$$

将得到的动力区代入燃烧时间与炭球直径的微分式（13-15），可得

$$\frac{d(d_c)}{dt} = -\frac{2W_C}{\rho_c} = -\frac{2fK_{O_2}\rho y_{O_2,\infty}}{\rho_c} \tag{13-21}$$

式中右边各项与炭粒直径 d_c 和燃烧时间 t 无关，因此可用一常数 K_c 来表示，即

$$\frac{d(d_c)}{dt} = -K_c \tag{13-22}$$

积分上式，有

$$\int_{d_{c,0}}^{d_c} d(d_c) = \int_0^t -K_c dt \tag{13-23}$$

可得

$$d_c = d_{c,0} - K_c t \tag{13-24}$$

式中，$d_{c,0}$和 d_c 分别为炭粒初始直径和 t 时刻的直径；K_c 为动力燃烧区燃烧常数。由此可知，炭粒处在动力燃烧区时，燃烧时间与炭粒直径成正比。

（2）扩散燃烧区。燃烧反应温度很高，反应速率常数 K_{O_2} 很大，使得 $\alpha_D \ll K_{O_2}$，所以有 $\frac{1}{K_{O_2}} \ll \frac{1}{\alpha_D}$。这时炭粒燃烧整体反应速率常数可写为如下形式：

$$\overline{K} = \frac{1}{\frac{1}{\alpha_D} + \frac{1}{K_{O_2}}} \approx \alpha_D \tag{13-25}$$

因此，扩散区炭粒的燃烧反应速度为

$$W_C = \frac{1}{\frac{1}{\alpha_D} + \frac{1}{K_{O_2}}} f\rho y_{O_2,\infty} \approx f\alpha_D\rho_{O_2,\infty} = f \times \frac{Sh \cdot D}{d} \times \rho y_{O_2,\infty} \tag{13-26}$$

将得到的扩散区代入燃烧时间与炭球直径的微分式（13-15），可得：

$$\frac{d(d_c)}{dt} = -\frac{2W_C}{\rho_c} = -\frac{2f \cdot Sh \cdot D \cdot \rho \cdot y_{O_2,\infty}}{\rho_c d_c} \tag{13-27}$$

上式右边除 d_c 外的其他各项均与炭粒直径 d_c 和燃烧时间 t 无关，因此可改写为

$$\frac{d(d_c)}{dt} = -\frac{K_d}{2d_c} \tag{13-28}$$

其中：

$$K_d = \frac{4f \cdot Sh \cdot D \cdot \rho \cdot y_{O_2,\infty}}{\rho_c} \tag{13-29}$$

积分上式，有

$$\int_{d_{c,0}}^{d_c} 2d_c d(d_c) = \int_0^t -K_d dt \tag{13-30}$$

可得

$$d_c^2 = d_{c,0}^2 - K_d t \tag{13-31}$$

式中，$d_{c,0}$ 和 d_c 分别为炭粒初始直径和 t 时刻的直径；K_d 为扩散燃烧区燃烧常数。由此可知，炭粒处在扩散燃烧区时，燃烧时间与炭粒直径的平方成正比。

（3）过渡燃烧区（扩散-动力燃烧区）。传质速率与化学反应速率相当，即 $\alpha_D \sim K_{O_2}$，因此不能忽略任何一项。提高燃烧温度，减小颗粒尺寸，增加气流速度都是强化燃烧的措施。炭粒燃烧过程各区的判据如下：

$$\frac{\alpha_D}{K_{O_2}} = \frac{Sh \cdot D}{K_{O_2} \cdot d}\begin{cases} > 10 & \text{动力燃烧区} \\ = 0.1 \sim 10 & \text{过渡燃烧区} \\ < 0.1 & \text{扩散燃烧区} \end{cases}$$

综上所述，炭粒的燃烧反应在动力燃烧区由于反应速率很低，耗氧速率很小，所以炭粒表面氧浓度几乎等于环境中氧的浓度，这时炭粒燃烧速率主要取决于化学反应速率，因此，温度的影响很大，燃烧速度随温度升高呈指数关系急剧增加。在扩散燃烧区由于温度较高，化学反应速率很大，耗氧速率很快，只要扩散到炭粒表面的氧，很快被耗尽，所以炭粒表面的氧几乎为零。这时炭粒的燃烧速度取决于氧扩散速率的高低，温度的影响很小。

炭粒燃烧反应过程中，除了温度的影响外，二次反应、炭粒内孔及表面裹灰都对炭粒燃烧反应速率及燃烧时间有影响。

（1）二次反应对炭粒燃烧速度的影响。当炭粒燃烧过程存在二次反应时，其燃烧过程可以简要划分为三个区间（图 13-9），三个区间中炭粒燃烧速度的影响分析如下。

第Ⅰ区间：为主反应动力燃烧区，由于温度较低，二次反应不会发生。炭粒燃烧速度取决于碳的氧化反应，控制因素为反应速度。提高温度，燃烧速度呈指数上升。

第Ⅱ区间：由于温度较高，反应进入主反应扩散区。加强混合过程可提高燃烧速度。

第Ⅲ区间：由于温度很高，炭粒燃烧反应进入以二次反应为特征的动力燃烧区。提高反应温度又可有效提高燃烧速度。如果温度进一步提高，燃烧将会进入以二次反应为特征的扩散燃烧区。

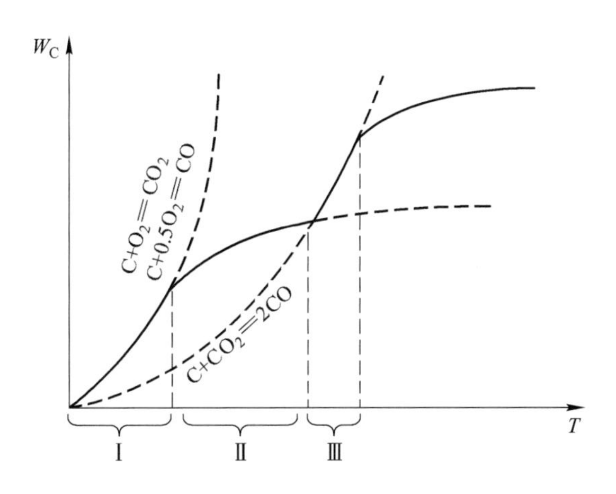

图 13-9 炭粒燃烧反应分区示意图

（2）炭粒内孔对炭粒燃烧速度的影响。煤在释出挥发分后，焦炭中存在发达的内孔。因此炭粒的燃烧不仅在表面上进行，而且也可能在其内孔表面进行。但在不同温度条件下，内、外表面参与反应的情况会有所不同。

1）当温度较低时。燃烧处于动力区，由于反应速度较低，氧的扩散速率远大于内、外表面进行的化学反应所需氧量。因此，这时内、外表面各处的氧浓度相同，等于外表面的氧浓度 $\rho_{O_2,s}$。这时反应的总表面积增加为

$$S_{\Sigma} = 4\pi r^2 + \frac{4}{3}\pi r^3 S_i = 4\pi r^2\left(1 + \frac{r}{3}S_i\right) \tag{13-32}$$

式中，S_i 为比内表面积（即单位炭粒体积的内表面积），m^2/m^3。

炭粒存在的内孔相当于进行燃烧反应的表面积增大了 $\frac{r}{3}S_i$ 倍，从而增加了炭粒的燃烧速率。为计算简单起见，通常将这个增加的部分计在反应速率常数 K 上（面积仍为 $4\pi r^2$），相当于化学反应速率是原来的 $\left(1 + \frac{r}{3}S_i\right)$ 倍，相当于放大系数为 $\left(1 + \frac{r}{3}S_i\right)$。

2）当温度较高时。燃烧处于扩散区，由于化学反应速率较高，扩散到炭粒表面的氧被以极快的速度消耗完毕，所以炭粒内部表面不能参加反应，相当于放大系数为 1。

结合低温时的状况，可以把增加的部分写成 $\alpha\frac{r}{3}S_i$，而 $\alpha = 1 \sim 0$。令 $\varepsilon = \alpha\frac{r}{3}$，$\varepsilon$ 可称为化学反应有效渗透深度，说明反应深入内表面的程度。这时燃烧反应速率可整理为

$$W_{O_2,C} = K_{O_2}(1 + \varepsilon S_i)\rho_{O_2,s} \tag{13-33}$$

环境向炭粒表面扩散氧的速率：

$$W_{O_2,D} = \alpha_D(\rho_{O_2,\infty} - \rho_{O_2,s}) \tag{13-34}$$

稳定燃烧时，有 $W_{O_2,D} = W_{O_2,C}$，所以

$$\rho_{O_2,s} = \frac{\alpha_D}{K_{O_2}(1+\varepsilon S_i)+\alpha_D}\rho_{O_2,\infty} \tag{13-35}$$

$$W_{O_2,C} = \frac{1}{\dfrac{1}{K_{O_2}(1+\varepsilon S_i)}+\dfrac{1}{\alpha_D}}\rho_{O_2,\infty} \tag{13-36}$$

讨论两种极端情况：

1）纯动力燃烧（低温，小颗粒时）由于 $\dfrac{1}{K_{O_2}(1+\varepsilon S_i)} \gg \dfrac{1}{\alpha_D}$，燃烧速率取决于炭粒内、外表面上的反应速率，即

$$W_{O_2,C} = K_{O_2}\rho_{O_2,\infty} + K_{O_2}\frac{r}{3}S_i\rho_{O_2,\infty} = K_{O_2}(1+\varepsilon S_i)\rho_{O_2,\infty} \tag{13-37}$$

有效渗透深度 $\varepsilon = \dfrac{r}{3}$，$\rho_{O_2,s} = \rho_{O_2,\infty}$。

2）纯扩散燃烧（高温，大颗粒时）由于 $\dfrac{1}{K_{O_2}(1+\varepsilon S_i)} \ll \dfrac{1}{\alpha_D}$，燃烧速率取决于氧的扩散速率，即

$$W_{O_2,C} = \alpha_D\rho_{O_2,\infty} \tag{13-38}$$

化学反应完全在外表面进行，有效渗透深度 $\varepsilon = 0$，$\rho_{O_2,s} = 0$。

（3）炭粒表面裹灰对炭粒燃烧速度的影响。炭粒由外层烧向内层时，外层的内在灰质就会形成包裹在内层炭粒上的灰壳。灰壳的存在，妨碍了氧向内表面的扩散，并使炭粒很难燃尽。为了近似计算灰壳对炭粒燃烧速度的影响，做如下假设：

1）灰质在炭粒中均匀分布；

2）不计内孔表面的化学反应，不计二次反应；

3）燃烧后生成的灰分均匀地包裹在未燃烧炭粒的表面。

以平板（炭粒表面取极小尺寸可认为炭粒表面为平板形状）炭粒燃烧过程表面裹灰为例（其物理模型如图 13-10 所示）。

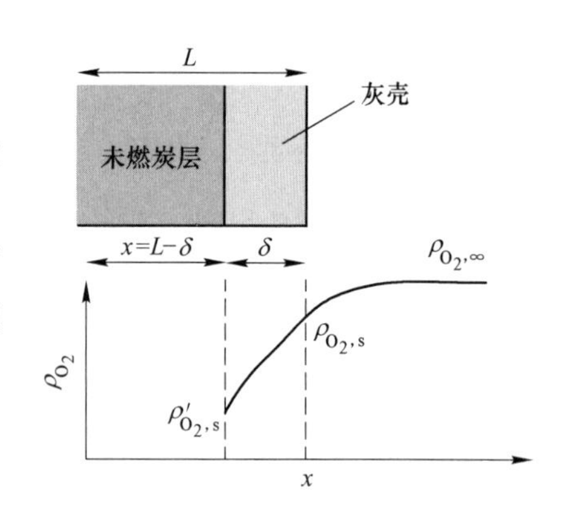

图 13-10 裹灰状况下的物理模型示意图

环境向灰壳外表面扩散氧速率：

$$W_{O_2,D} = \alpha_D(\rho_{O_2,\infty} - \rho_{O_2,s}) \tag{13-39}$$

透过灰壳向内表面扩散氧速率：

$$W_{O_2,D_A} = \frac{D_A}{\delta}(\rho_{O_2,s} - \rho'_{O_2,s}) \tag{13-40}$$

炭粒内表面反应消耗氧速率：

$$W_{O_2,C} = K_{O_2}\rho'_{O_2,s} \tag{13-41}$$

式中，D_A为氧在灰壳中的扩散系数。

稳定燃烧时，有 $W_{O_2,D} = W_{O_2,D_A} = W_{O_2,C}$，因此，由以上三式可得

$$W_{O_2,C} = \frac{1}{\frac{1}{K_{O_2}} + \frac{1}{\alpha_D} + \frac{\delta}{D_A}} \rho_{O_2,\infty} \tag{13-42}$$

于是，炭的燃烧速率为

$$W_C = \frac{1}{\frac{1}{K_{O_2}} + \frac{1}{\alpha_D} + \frac{\delta}{D_A}} f\rho y_{O_2,\infty} \tag{13-43}$$

由上式可知，由于增加了灰壳的阻力项，炭的燃烧反应速率有所降低。但在实际燃烧过程中，由于炭粒之间或炭粒与炉壁之间的碰撞，都可使灰壳裂开甚至脱落。结合得到的炭的燃烧速率表达式可推导得到裹灰状况对燃烧时间的影响规律。由燃烧后的几何关系可得

$$W_C = -\rho_C \frac{dx}{dt} \tag{13-44}$$

结合燃烧速率表达式，可得

$$-\rho_C \frac{dx}{dt} = \frac{f\rho y_{O_2,\infty}}{\frac{1}{K_{O_2}} + \frac{1}{\alpha_D} + \frac{L-x}{D_A}} \tag{13-45}$$

分离变量后，有

$$\left(\frac{1}{K_{O_2}} + \frac{1}{\alpha_D} + \frac{L-x}{D_A}\right) dx = -\frac{f\rho y_{O_2,\infty}}{\rho_C} dt \tag{13-46}$$

积分上式可得

$$\int_L^{L-\delta} \left(\frac{1}{K_{O_2}} + \frac{1}{\alpha_D} + \frac{L-x}{D_A}\right) dx = \int_o^t -\frac{f\rho y_{O_2,\infty}}{\rho_C} dt \tag{13-47}$$

裹灰状况下的燃烧时间为

$$t = \frac{\rho_C \delta}{f\rho y_{O_2,\infty}} \left(\frac{1}{k_{O_2}} + \frac{\delta}{2D_A} + \frac{1}{\alpha_D}\right) \tag{13-48}$$

当灰层厚度等于炭粒初始尺寸时燃烧结束，其燃尽时间为

$$t_0 = \frac{\rho_C L}{f\rho y_{O_2,\infty}} \left(\frac{1}{k_{O_2}} + \frac{L}{2D_A} + \frac{1}{\alpha_D}\right) \tag{13-49}$$

碳的异相反应可以在碳的外表面进行，也可以在碳的内部孔隙或裂缝的所谓内表面上进行。异相反应进行得越强烈，则反应越容易集中在外表面上；反之，则容易向内部发展。

13.4　工业燃煤方法

工业燃煤方法很多，本节将简要介绍煤的固定床燃烧、流化床燃烧及悬浮燃烧三种形式。

（1）固定床燃烧。煤的固定床燃烧是最早应用的燃烧方式，根据燃料与空气的运动

方向可分为逆流、顺流和叉流三种，各种形式的燃烧装置示意图如图 13-11 所示。

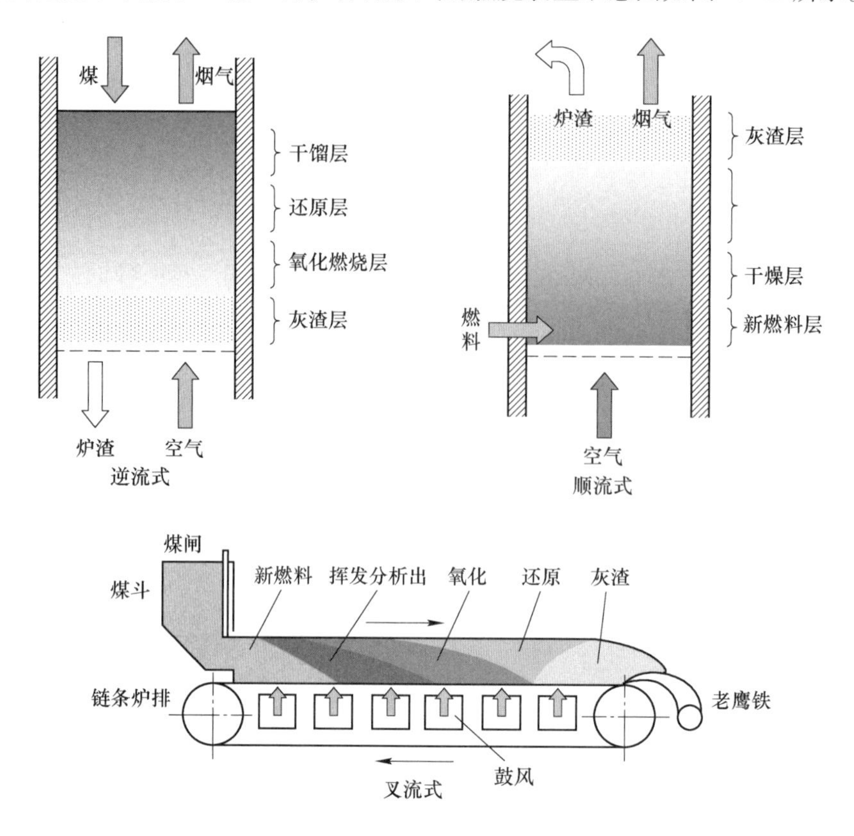

图 13-11 煤的固定床燃烧装置示意图

逆流式燃烧过程中，煤的运动方向与空气运动方向相反，煤在炉内经历干馏、还原、氧化燃烧后释放热量，燃尽后将灰渣排出。顺流式燃烧产物直接进入炉膛，所以无还原区，但若供风量不足，在氧化层上部会出现一个还原带。顺流式层燃的着火条件不及逆流式有利，但燃烧污染物排放较少。叉流式结合了顺流和逆流的特性，其中央部分是具体燃烧区，氧的消耗量达到最大。

（2）流化床燃烧。流化床燃烧又称沸腾床燃烧。是用助燃空气将固体燃料吹起，使之呈悬浮状态来实现的燃烧过程。按照流化状态，可分为鼓泡流化床和循环流化床两类。鼓泡流化床按床层高度可分为浅床和深床；若增大流化速度，使部分燃料被气流带出炉室，然后经旋风分离器收集后返回燃烧室继续燃烧的过程称为循环流化床燃烧。各种流化床燃烧过程示意图如图 13-12 所示。

锅炉采用流化床燃烧的主要特点如下：

1）高传热系数，可达 230~330W/(m^2·K)，传热强度大；

2）低炉温水平，炉温可低于 900℃，污染物可以得到较好的控制；

3）加石灰石脱硫效果好，循环流化床钙硫摩尔比为 1.5 时，即可获得 90%的脱硫率；

4）着火条件好，燃烧稳定，可以燃用劣质煤，循环流化床可取得 99%的燃烧效率；

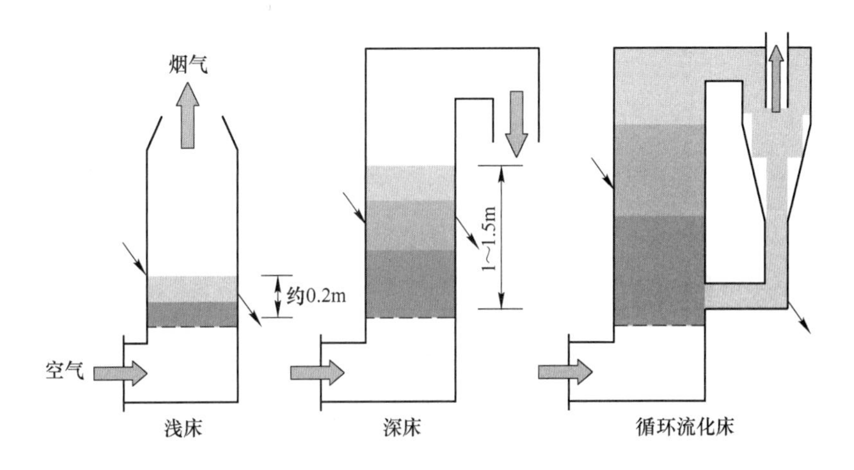

图 13-12 流化床燃烧过程示意图

5）负荷调节性好，循环流化床锅炉负荷调节比大于 1∶4；

6）加压流化床（1~3MPa），可以直接驱动燃气轮机；

7）需要高压风机，电耗较高，比一般锅炉高 50%~80%；

8）埋管磨损严重；

9）飞灰含碳量高，锅炉热效率偏低；

10）飞灰量大，粉尘污染较重。

（3）悬浮燃烧。悬浮燃烧也称气流床燃烧，是用较高速的气流将极细的煤粉携带起来在空间完成的燃烧过程。根据燃烧空间的大小及气流的流动状况，悬浮燃烧又可分为火炬式燃烧和旋风炉燃烧。悬浮燃烧的主要技术特点如下：

1）燃烧速度快，燃烧温度高，燃烧强度大；

2）燃烧效率高，大型电站锅炉中煤粉燃烧效率可达 99%；

3）负荷调节容易，易实现自动化；

4）容易实现大型化。

以上为煤的三种主要工业燃烧方法，在实际的工业燃烧中，不仅要考虑煤的燃烧速率和燃烧时间，还要注意燃烧过程的温度、污染物排放等特性，因此选用何种工业燃烧方式需要根据实际燃烧工况决定。

附　　表

附表 1　烟煤的分类（GB/T 5751—2009《中国煤炭分类》）

类别	符号	包括数码	分类指标			
			V_{daf}/%	G	Y/mm	b/% ②
贫煤	PM	11	>10.0~20.0	≤5		
贫瘦煤	PS	12	>10.0~20.0	>5~20		
瘦煤	SM	13 14	>10.0~20.0 >10.0~20.0	>20~50 >50~65		
焦煤	JM	15 24 25	>10.0~20.0 >20.0~28.0 >20.0~28.0	>65① >50~65 >65①	≤25.0 ≤25.0	≤150 ≤150
肥煤	FM	16 26 36	>10.0~20.0 >20.0~28.0 >28.0~37.0	(>85)① (>85)① (>85)①	>25.0 >25.0 >25.0	>150 >150 >220
1/3 焦煤	1/3JM	35	>28.0~37.0	>65①	≤25.0	≤220
气肥煤	QF	46	>37.0	(>85)①	>25.0	>220
气煤	QM	34 43 44 45	>28.0~37.0 >37.0 >37.0 >37.0	>50~65 >35~50 >50~65 >65①	≤25.0	≤220
1/2 中黏煤	1/2ZN	23 33	>20.0~28.0 >28.0~37.0	>30~50 >30~50		
弱黏煤	RN	22 32	>20.0~28.0 >28.0~37.0	>5~30 >5~30		
不黏煤	BN	21 31	>20.0~28.0 >28.0~37.0	≤5 ≤5		
长焰煤	CY	41 42	>37.0 >37.0	≤5 >5~35		

①当烟煤黏结指数测值 $G \leq 85$ 时，用干燥无灰基挥发分 V_{daf} 和黏结指数 G 来划分煤类。当黏结指数测值 $G > 85$ 时，则用干燥无灰基挥发分 V_{daf} 和胶质层最大厚度 Y，或用干燥无灰基挥发分 V_{daf} 和奥阿膨胀度 b 来划分煤类。在 $G>85$ 的情况下，当 $Y > 25.0$mm 时，根据 V_{daf} 的大小可划分为肥煤或气肥煤；当 $Y \leq 25.0$mm 时，则根据 V_{daf} 的大小，可划分为焦煤、1/3 焦煤或气煤。

②当 $G > 85$ 时，用 Y 和 b 并列作为分类指标。当 $V_{daf} \leq 28.0\%$ 时，$b > 150\%$ 的为肥煤；当 $V_{daf} > 28.0\%$ 时，$b > 22.0\%$ 的为肥煤或气肥煤。如按 b 值和 Y 值划分的类别有矛盾时，以 Y 值划分的类别为准。

附表 2 常用重油黏度对照表

运动黏度		西保持黏度 [s]			莱伍德黏度 [s]			恩氏黏度°E
×10⁻⁶m²/s	[cst]	100℉	130℉	210℉	30℃	50℃	100℃	
2	2	32. 6	32. 7	32. 8	30. 5	30. 8	31. 2	1. 140
3	3	36. 0	36. 1	36. 3	33. 0	33. 3	33. 7	1. 224
4	4	39. 1	39. 2	39. 4	35. 6	35. 9	36. 5	1. 308
5	5	42. 3	42. 4	42. 6	38. 2	38. 5	39. 1	1. 400
6	6	45. 5	45. 6	45. 8	40. 8	41. 1	41. 7	1. 481
7	7	48. 7	48. 8	49. 0	43. 4	43. 7	44. 3	1. 563
8	8	52. 0	52. 1	52. 4	46. 2	46. 3	47. 2	1. 653
9	9	55. 4	55. 5	55. 8	49. 0	49. 1	50. 0	1. 746
10	10	58. 8	58. 9	59. 2	51. 9	52. 1	52. 9	1. 837
11	11	62. 3	62. 4	62. 7	55. 0	55. 1	56. 0	1. 928
12	12	65. 9	66. 0	66. 4	58. 1	58. 2	59. 1	2. 020
13	13	69. 6	69. 7	70. 1	61. 2	61. 4	62. 3	2. 120
14	14	73. 4	73. 5	73. 9	64. 6	64. 7	65. 6	2. 219
15	15	77. 2	77. 3	77. 7	67. 9	68. 0	69. 1	2. 323
16	16	81. 1	81. 3	81. 7	71. 3	71. 5	72. 6	2. 434
17	17	81. 5	85. 3	85. 7	74. 7	75. 0	76. 1	2. 540
18	18	89. 2	89. 4	89. 8	78. 3	79. 6	78. 7	2. 614
19	19	93. 3	93. 5	94. 0	81. 8	82. 1	83. 6	2. 755
20	20	97. 5	97. 7	98. 2	85. 4	85. 8	87. 4	2. 870
21	21	101. 7	101. 9	102. 4	89. 1	89. 5	91. 3	2. 984
22	22	106. 0	106. 2	106. 7	92. 9	93. 3	95. 1	3. 10
23	23	110. 3	110. 5	111. 1	96. 6	97. 1	98. 9	3. 22
24	24	114. 6	114. 8	115. 4	100	101	103	3. 34
25	25	118. 9	119. 1	119. 7	104	105	107	3. 46
26	26	123. 3	123. 5	124. 2	108	109	111	3. 58
27	27	127. 7	127. 9	128. 6	112	112	115	3. 70
28	28	132. 1	132. 4	133. 0	116	116	119	3. 82
29	29	136. 5	136. 8	137. 5	120	120	123	3. 95
30	30	140. 9	141. 2	141. 9	124	124	127	4. 07
31	31	145. 3	145. 6	146. 3	128	128	131	4. 20
32	32	149. 7	150. 0	150. 8	132	132	135	4. 32
33	33	154. 2	154. 5	155. 3	136	136	139	4. 45
34	34	158. 7	159. 0	159. 8	140	140	143	4. 57

续附表 2

运动黏度		西保持黏度［s］			莱伍德黏度［s］			恩氏黏度°E
$\times10^{-6}m^2/s$	［cst］	100℉	130℉	210℉	30℃	50℃	100℃	
35	35	163. 3	163. 5	164. 3	144	144	147	4. 70
36	36	167. 7	168. 0	168. 9	148	148	151	4. 83
37	37	172. 2	172. 5	173. 4	152	153	155	4. 96
38	38	176. 7	177. 0	177. 9	156	156	159	5. 08
39	39	181. 2	181. 5	182. 5	160	160	164	5. 21
40	40	185. 7	186. 0	187. 0	164	164	168	5. 34
41	41	190. 2	190. 6	191. 5	168	168	172	5. 47
42	42	194. 7	195. 1	196. 1	172	172	176	5. 59
43	43	199. 2	199. 6	200. 6	176	176	180	5. 72
44	44	203. 8	204. 2	205. 2	180	180	185	5. 85
45	45	208. 4	208. 8	209. 9	184	184	189	5. 98
46	46	213. 0	213. 4	214. 5	188	188	193	6. 11
47	47	217. 6	218. 0	219. 2	192	193	197	6. 24
48	48	222. 2	222. 6	223. 8	196	197	202	6. 37
49	49	226. 8	227. 2	228. 4	199	201	206	6. 50
50	50	231. 4	231. 8	233. 0	24	205	210	6. 63
55	55	254. 4	254. 9	256. 2	224	225	231	7. 24
60	60	277. 4	277. 9	279. 3	244	245	252	7. 90
65	65	300	301	302	264	266	273	8. 55
70	70	323	324	326	285	286	294	9. 21
75	75	346	347	349	305	306	315	9. 89
>75	>75	×4. 635	×4. 644	×4. 667	×4. 063	×4. 080	×4. 203	×0. 1316

附表 3 可燃气体的主要热工特性

气体名称	热工特性									
	符号	相对分子质量	密度 /kg·m^{-3}	理论空气需要量 /m^3·m^{-3}	理论燃烧产物量 /m^3·m^{-3}		发热量 /kJ·m^{-3}		理论燃烧温度 /℃	干燃烧产物中CO_2的最大含量/%
					湿	干	高	低		
一氧化碳	CO	28. 01	1. 25	2. 38	2. 88	2. 88	12645	12645	2370	34. 7
氢	H_2	2. 02	0. 09	2. 38	2. 88	1. 88	12770	10761	2230	
甲烷	CH_4	16. 04	0. 715	9. 52	10. 52	8. 52	39777	35715	2030	11. 8
乙烷	C_2H_6	30. 07	1. 341	16. 66	18. 16	15. 16	69672	63768	2097	13. 2

续附表3

气体名称	热工特性									
	符号	相对分子质量	密度 /kg · m^{-3}	理论空气需要量 /m^3 · m^{-3}	理论燃烧产物量 /m^3 · m^{-3}		发热量 /kJ · m^{-3}		理论燃烧温度 /℃	干燃烧产物中CO_2的最大含量/%
					湿	干	高	低		
丙烷	C_3H_8	44.09	1.987	23.80	25.80	21.80	99148	91277	2110	13.8
丁烷	C_4H_{10}	58.12	2.70	30.94	33.44	28.44	128499	118681	2118	14.0
戊烷	C_5H_{12}	72.15	3.22	38.08	41.08	35.08	157913	146126	2119	14.2
乙烯	C_2H_4	28.05	1.26	14.28	15.28	13.28	63014	59079	2284	15.0
丙烯	C_3H_6	42.08	1.92	21.42	22.92	19.92	91863	86043	2224	15.0
丁烯	C_4H_8	57.10	2.50	28.56	30.56	26.56	121423	113551	2203	15.0
戊烯	C_5H_{10}	70.13	3.13	35.70	38.20	33.20	150732	140934	2189	15.0
甲苯	C_6H_8	78.11	3.48	35.70	37.20	34.20	146294	140390	2258	17.5
乙炔	C_2H_2	27.04	1.17	11.90	12.40	11.40	58011	56043	2620	17.5
硫化氢	H_2S	34.08	1.52	7.14	4.64	6.64	25708	23698		15.1

附表4 干高炉煤气的主要特性

名称		炼钢生铁			特种生铁				
		大型高炉	小型高炉	中型高炉	铸造铁	锰铁	硅铁	钒铁	铬镍生铁
化学成分/%	CO_2	10.3	8.4	9.7	9.0	5.4	4.5	5.6	9.1
	O_2	0.1	0.2	0.1	0.1	0.1	0.1	0	0
	CO	29.5	30.9	29.7	30.6	33.1	34.7	33.6	28.0
	CH_4	0.3	0.1	0.5	0.3	0.5	0.3	0.6	0.4
	H_2	1.6	2.6	1.9	2.0	2.0	1.6	1.5	1.1
	N_2	58.2	57.8	58.1	58.0	58.9	58.8	58.7	61.4
发热量/kJ · m^{-3}	高发热量	4049	4518	4187	4241	4635	4702	4669	3835
	低发热量	4007	4426	4128	4187	4572	4656	4614	3798
密度/kg · m^{-3}		1.31	1.28	1.30	1.29	1.26	1.26	1.27	1.30
黏度系数/kg · m^{-3}		1.65	1.65	1.65	1.65	1.66	1.67	1.67	1.67
理论空气需要量/m^3 · m^{-3}		0.76	0.86	0.80	0.80	0.88	0.89	0.89	0.73
理论燃烧产物量/m^3 · m^{-3}		1.67	1.76	1.70	1.75	1.77	1.77	1.77	1.65
燃烧产物中RO_2的最大/%		25.3	23.8	24.8	24.8	23.3	23.4	23.4	24.0
燃烧产物密度/kg · m^{-3}		1.41	1.38	1.40	1.36	1.38	1.39	1.39	1.48
理论燃烧产物/℃		1450	1500	1430	1420	1510	1560	1540	1400

附表 5　不同温度下饱和水蒸气含量

温度 t/℃	水蒸气分压	水蒸气含量				温度 t/℃	水蒸气分压	水蒸气含量			
		按干	按湿气	按干	按湿气			按干	按湿气	按干	按湿气
	Pa	g/m³	m³/m³	g/m³	m³/m³		Pa	g/m³	m³/m³	g/m³	m³/m³
-30	38. 06	0. 20	0. 00037	0. 30	0. 00037	21	2542. 27	20. 3	0. 0252	19. 8	0. 0246
-25	63. 9	0. 50	0. 00062	0. 50	0. 00062	22	2691. 81	21. 5	0. 0267	20. 9	0. 0260
-20	104. 68	0. 81	0. 00010	0. 81	0. 0010	23	2868. 55	22. 9	0. 0284	22. 3	0. 0277
-15	168. 58	1. 3	0. 00016	1. 3	0. 0016	24	3045. 28	24. 4	0. 0303	23. 7	0. 0294
-10	265. 10	2. 1	0. 00026	2. 1	0. 0026	25	3235. 61	26. 0	0. 0323	25. 2	0. 0313
-5	409. 20	3. 2	0. 00040	3. 2	0. 0040	26	3425. 94	27. 6	0. 0343	26. 6	0. 0331
0	622. 65	4. 8	0. 0060	4. 8	0. 0060	27	3629. 87	29. 3	0. 0364	28. 2	0. 0351
1	666. 16	5. 2	0. 0065	5. 2	0. 0065	28	3928. 96	31. 1	0. 0386	29. 9	0. 0372
2	720. 54	5. 6	0. 0070	5. 6	0. 0070	29	4078. 5	33. 0	0. 0410	31. 7	0. 0394
3	774. 92	6. 1	0. 0076	6. 1	0. 0076	30	4323. 21	35. 1	0. 0436	33. 6	0. 0418
4	829. 30	6. 6	0. 0082	6. 5	0. 0081	31	4581. 52	37. 3	0. 464	35. 6	0. 0443
5	883. 68	7. 0	0. 0087	6. 9	0. 0086	32	4853. 42	39. 6	0. 0492	37. 7	0. 0469
6	951. 65	7. 5	0. 0093	7. 4	0. 0092	33	5125. 32	41. 9	0. 0520	39. 9	0. 0496
7	1019. 63	8. 1	0. 0101	8. 0	0. 0100	34	5424. 41	44. 5	0. 0553	42. 2	0. 0525
8	1087. 6	8. 6	0. 0107	8. 5	0. 0106	35	5737. 10	47. 3	0. 0587	44. 6	0. 0555
9	1169. 17	9. 2	0. 0114	9. 1	0. 0113	36	6063. 37	50. 1	0. 0623	47. 1	0. 0585
10	1250. 74	9. 8	0. 0122	9. 7	0. 0121	37	6403. 25	53. 1	0. 0660	49. 8	0. 0619
11	1332. 31	10. 5	0. 0131	10. 4	0. 0129	38	6756. 72	56. 3	0. 0700	52. 6	0. 0655
12	1427. 48	11. 3	0. 0141	11. 1	0. 0138	39	7123. 78	59. 5	0. 0740	55. 4	0. 0689
13	1522. 64	12. 1	0. 0150	11. 9	0. 0148	40	7518. 04	63. 1	0. 0785	58. 5	0. 0726
14	1631. 4	12. 9	0. 0160	12. 7	0. 0158	41	7653. 99	66. 8	0. 0830	61. 6	0. 0766
15	1740. 16	13. 7	0. 0170	13. 5	0. 0168	42	8360. 93	70. 8	0. 0880	65. 0	0. 0808
16	1848. 92	14. 7	0. 0183	14. 4	0. 0179	43	8809. 56	74. 9	0. 0931	68. 6	0. 0854
17	1971. 28	15. 7	0. 0196	15. 4	0. 0192	44	9285. 39	79. 3	0. 0986	72. 2	0. 0898
18	2107. 23	16. 7	0. 0208	16. 4	0. 0204	45	9774. 81	84. 0	0. 1043	76. 0	0. 0945
19	2243. 18	17. 9	0. 0223	17. 5	0. 0218	46	10318. 61	89. 0	0. 1105	80. 2	0. 0998
20	2379. 13	18. 9	0. 0235	18. 5	0. 0230						

附表6 化学反应平衡常数

温度/℃	$K_1=\frac{P_{CO}^2}{P_{CO_2}}$	$K_2=\frac{P_{H_2}^2}{P_{CH_4}}$	$K_3=\frac{P_{H_2}\cdot P_{CO_2}}{P_{H_2O}\cdot P_{CO}}$	$K_4=\frac{P_{CO}}{P_{CO_2}}$	$K_5=\frac{P_{H_2}}{P_{H_2O}}$	温度/℃	$K_1=\frac{P_{CO}^2}{P_{CO_2}}$	$K_2=\frac{P_{H_2}^2}{P_{CH_4}}$	$K_3=\frac{P_{H_2}\cdot P_{CO_2}}{P_{H_2O}\cdot P_{CO}}$	$K_4=\frac{P_{CO}}{P_{CO_2}}$	$K_5=\frac{P_{H_2}}{P_{H_2O}}$
400	8.1×10^{-5}	0.071	11.7		9.35	900	38.6	47.9	0.755	2.20	1.69
450	6.9×10^{-4}	0.166	7.32	0.870	6.33	950	78.3	70.8	0.657	2.38	1.60
500	4.4×10^{-3}	0.427	4.98	0.952	4.67	1000	150	105	0.579	2.53	1.50
550	0.0225	1.00	3.45	1.02	3.53	1050	273	141	0.516	2.67	1.41
600	0.0947	2.14	2.55	1.18	2.99	1100	474	190	0.465	2.85	1.35
650	0.341	3.98	1.96	1.36	2.65	1150	791	275	0.422	2.99	1.30
700	1.07	7.24	1.55	1.52	2.35	1200	1273	342	0.387	3.16	1.26
750	3.01	12.6	1.26	1.72	2.16	1250	1982	436	0.358	3.28	1.21
800	7.65	20.0	1.04	1.89	2.00	1300	2999	550	0.333	3.46	1.18
850	17.8	31.6	0.880	2.05	1.83						

附表7 气体平均比热容

(kJ/(m³·℃))

温度		CO_2	N_2	O_2	H_2O	干空气	CO	H_2	H_2S	CH_4	C_2H_4
K	℃										
273	0	1.6204	1.3327	1.3076	1.4914	1.3009	1.3021	1.2777	1.5156	1.5558	1.7669
373	100	1.7200	1.3013	1.3193	1.5019	0.3051	1.3021	1.2896	1.5407	1.6539	2.1060
473	200	1.8079	1.3030	1.3369	1.5174	1.3097	1.3105	1.2979	1.5742	1.7669	2.3280
573	300	1.8808	1.3080	1.3583	1.5379	0.3181	1.3231	1.3021	1.6077	1.8925	2.5289
673	400	1.9436	1.3172	1.3796	1.5592	1.3302	1.3315	1.3021	1.6454	2.0223	2.7215
773	500	2.0453	1.3294	1.4005	1.5831	1.3440	1.3440	1.3063	1.6832	2.1437	2.8932
873	600	2.0592	1.3419	1.4152	1.6078	1.3583	1.3607	1.3105	1.7208	2.2693	3.0481
973	700	2.1077	1.3553	1.4370	1.6338	1.3725	1.3733	1.3147	1.7585	2.3824	3.1905
1073	800	2.1517	1.3683	1.4529	1.6601	1.3821	1.3901	1.3189	1.7962	2.4954	3.3412
1173	900	2.1915	1.3817	1.4663	1.6865	1.3993	1.4026	1.3230	1.8297	2.5959	3.4500
1273	1000	2.2266	1.3938	1.4801	1.7133	1.4118	1.4152	1.3273	1.8632	2.6964	3.5673
1373	1100	2.2593	1.4056	1.4935	1.7397	1.4236	1.4278	1.3356	1.8925	2.7843	
1473	1200	2.2886	1.4065	1.5065	1.7657	1.4347	1.4403	1.3440	1.9218	2.8723	
1573	1300	2.3158	1.4290	1.5123	1.7908	1.4453	1.4487	1.3524	1.9469		
1673	1400	2.3405	1.4374	1.5220	1.8151	1.4550	1.4613	1.3608	1.9721		
1773	1500	2.3636	1.4470	1.5312	1.8339	1.4642	1.4696	1.3691	1.9972		
1873	1600	2.3849	1.4554	1.5400	1.8919	1.4730	1.4780	1.3775			
1973	1700	2.4042	1.4625	1.5483	1.8841	1.4809	1.4864	1.3859			

续附表 7

温度		CO_2	N_2	O_2	H_2O	干空气	CO	H_2	H_2S	CH_4	C_2H_4
K	℃										
2073	1800	2.4226	1.4705	1.5559	1.9055	1.4889	1.4947	1.3942			
2173	1900	2.4393	1.4780	1.5638	1.9252	1.4960	1.4890	1.3983			
2273	2000	2.4552	1.4851	1.5714	1.9449	1.5031	1.5073	1.4067			
2373	2100	2.4699	1.4914	1.5743	1.9633	1.5094	1.5115	1.4151			
2473	2200	2.4837	1.4981	1.5851	1.9813	1.5174	1.5198	1.4235			
2573	2300	2.4971	1.5031	1.5923	1.9984	1.5220	1.5241	1.4318			
2673	2400	2.5097	1.5085	1.5990	2.0148	1.5274	1.5284	1.4360			
2773	2500	2.5214	1.5144	1.6057	2.0307	1.5341	1.5366	1.4445			

附表 8　气体的热含量　(kJ/m^3)

温度		CO_2	N_2	O_2	H_2O	干空气	CO	H_2	H_2S	CH_4	C_2H_4
K	℃										
373	100	172.00	130.13	131.93	150.18	130.51	130.21	128.96	154.08	165.39	210.61
473	200	361.67	260.60	267.38	303.47	261.94	262.10	259.59	314.86	353.38	465.59
573	300	564.24	392.41	407.48	461.36	395.42	395.67	390.65	482.34	567.75	758.68
673	400	777.44	526.89	551.58	623.60	532.08	532.58	520.86	658.19	808.93	1088.62
773	500	1001.78	664.58	700.17	791.55	672.01	672.01	653.17	841.59	984.78	1446.61
873	600	1236.76	805.06	851.64	964.68	814.96	816.46	786.41	1032.51	1071.84	1828.88
973	700	1475.41	940.36	1005.89	1143.64	960.75	961.33	920.30	1230.98	1667.68	2233.35
1073	800	1718.95	1094.65	1162.32	1328.11	1109.05	1112.06	1055.12	1436.98	1996.36	2672.98
1173	900	1972.43	1243.55	1319.67	1517.87	1259.36	1262.38	1190.78	1646.75	2336.35	3105.08
1273	1000	2226.75	1393.86	1480.11	1713.32	1411.86	1415.20	1327.28	1863.21	2696.43	3567.32
1373	1100	2485.34	1546.14	1614.02	1913.67	1565.94	1570.54	1469.22	2091.77	3062.79	
1473	1200	2746.44	1699.76	1802.76	2118.78	1721.36	1728.39	1612.83	2306.20	3446.74	
1573	1300	3010.58	1857.74	1966.05	2328.01	1879.27	1883.31	1758.12	2531.04		
1673	1400	3276.75	2012.36	2129.93	2540.25	2036.87	2045.76	1905.08	2760.91		
1773	1500	3545.34	2170.55	2296.78	2758.39	2196.19	2200.26	2011.85	2995.80		
1873	1600	3815.86	2328.65	2463.97	2979.13	2356.68	2364.82	2204.04			
1973	1700	4087.10	2486.28	2632.09	3203.05	2517.60	2526.85	2356.02			
2073	1800	4360.67	2646.74	2800.48	3429.90	2680.01	2690.56	2509.69			
2173	1900	4634.76	2808.22	2971.30	3657.85	2841.43	2848.00	2657.07			
2273	2000	4910.51	2970.25	3142.76	3889.72	3006.26	3014.64	2813.66			
2373	2100	5186.81	3131.96	3314.85	4121.79	3169.77	3174.16	2971.93			
2473	2200	5464.20	3295.84	3487.44	4358.83	3338.21	3343.73	3131.88			
2573	2300	5746.39	3457.20	3662.33	4485.34	3500.54	3505.36	3293.49			
2673	2400	6023.25	3620.58	3837.64	4724.37	3665.80	3666.82	3456.79			
2773	2500	6303.53	3786.09	4014.29	5076.74	3835.29	3840.58	3620.76			

附表 9 水蒸气的分解度

(%)

t/℃	水蒸气的分压/10^5Pa																							
	0.03	0.04	0.05	0.06	0.07	0.08	0.09	0.10	0.12	0.14	0.16	0.18	0.20	0.25	0.30	0.35	0.40	0.45	0.50	0.60	0.70	0.80	0.90	1.00
1600	0.90	0.85	0.80	0.75	0.70	0.65	0.63	0.60	0.58	0.56	0.54	0.52	0.50	0.48	0.46	0.44	0.42	0.40	0.38	0.35	0.32	0.30	0.29	0.28
1700	1.60	1.45	1.35	1.27	1.20	1.16	1.15	1.08	1.02	0.95	0.90	0.85	0.80	0.76	0.73	0.70	0.67	0.64	0.62	0.60	0.57	0.54	0.52	0.50
1800	2.70	2.40	2.25	2.10	2.00	1.90	1.85	1.80	1.70	1.60	1.53	1.46	1.40	1.30	1.25	1.20	1.15	1.10	1.05	1.00	0.95	0.90	0.86	0.83
1900	4.45	4.05	3.80	3.60	3.40	3.05	3.10	3.00	2.85	2.70	2.60	2.50	2.40	2.20	2.10	2.00	1.90	1.80	1.70	1.63	1.56	1.50	1.45	1.40
2000	6.30	5.55	5.35	5.05	4.80	4.60	4.45	4.30	4.00	3.80	3.55	3.50	3.40	3.15	2.95	2.80	2.65	2.57	2.50	2.40	2.30	2.20	2.10	2.00
2100	9.35	8.50	7.95	7.50	7.10	6.80	6.55	6.35	6.00	5.70	5.45	5.25	5.10	4.80	4.55	4.30	4.10	3.90	3.70	3.55	3.40	3.25	3.10	3.00
2200	13.4	12.3	11.5	10.8	10.3	9.90	9.60	9.30	8.80	8.35	7.95	7.65	7.40	6.90	6.55	6.25	5.90	5.65	5.40	5.10	4.90	4.70	4.55	4.40
2300	17.5	16.0	15.4	15.0	14.3	13.7	13.3	12.9	12.2	11.6	11.1	10.7	10.4	9.60	9.10	8.7	8.4	8.0	7.7	7.3	6.9	6.7	6.4	6.2
2400	24.4	22.5	21.0	20.0	19.1	18.4	17.7	17.2	16.3	15.6	15.0	14.4	13.9	13.0	12.2	11.7	11.2	10.8	10.4	9.9	9.4	9.0	8.7	8.4
2500	30.9	28.5	26.8	25.6	24.5	23.5	22.7	22.1	20.9	20.0	19.3	18.6	18.0	16.9	15.9	15.2	14.6	14.1	13.1	12.9	12.3	11.7	11.3	11.0
2600	39.7	37.1	35.1	33.5	32.1	31.0	30.1	29.2	27.8	26.7	25.9	24.8	24.1	22.6	21.5	20.5	19.7	19.1	18.5	17.5	16.7	16.0	15.5	15.0
2700	47.3	44.7	42.6	40.7	39.2	37.9	36.9	35.9	34.2	33.0	31.8	30.8	29.9	28.2	26.8	25.7	24.8	24.0	23.3	22.1	21.1	20.3	19.6	19.0
2800	57.6	54.5	52.2	50.3	48.7	47.3	46.1	45.0	43.2	41.6	40.4	39.3	38.3	36.2	34.6	33.3	32.2	31.1	30.2	28.8	27.6	26.6	25.8	25.0
2900	65.5	62.8	60.5	58.6	56.9	55.5	54.3	53.2	51.3	49.7	48.3	47.1	46.0	43.7	41.9	40.5	39.2	38.1	37.1	35.4	34.1	32.9	31.9	31.0
3000	72.9	70.6	68.5	66.7	65.1	63.8	62.6	61.6	59.6	58.0	56.6	55.4	54.3	51.9	50.0	48.4	47.0	45.8	44.7	42.9	41.4	40.1	39.0	38.0

附表 10 二氧化碳的分解度

(%)

t/℃	二氧化碳的分压/10^5Pa																						
	0.03	0.04	0.05	0.06	0.07	0.08	0.09	0.10	0.12	0.14	0.16	0.18	0.20	0.25	0.30	0.35	0.40	0.45	0.50	0.60	0.70	0.80	0.90	1.00
1500	0.6	0.5	0.5	0.5	0.5	0.5	0.5	0.5	0.5	0.5	0.4	0.4	0.4	0.4	0.4	0.4	0.4	0.4	0.4	0.4	0.4	0.4	0.4	0.4
1600	2.2	2.0	1.9	1.8	1.7	1.6	1.55	1.5	1.45	1.4	1.35	1.3	1.3	1.2	1.1	1.0	0.95	0.9	0.85	0.83	0.79	0.75	0.72	0.70
1700	4.1	3.8	3.5	3.3	3.1	3.0	2.9	2.8	2.6	2.5	2.4	2.3	2.2	2.0	1.9	1.8	1.75	1.7	1.65	1.6	1.5	1.4	1.3	1.3
1800	6.9	6.3	5.9	5.5	5.2	5.0	4.8	4.6	4.4	4.2	4.0	3.8	3.7	3.5	3.3	3.1	3.0	2.9	2.75	2.6	2.5	2.4	2.3	2.2
1900	11.1	10.1	9.5	8.9	8.5	8.1	7.8	7.6	7.2	6.8	6.5	6.3	6.1	5.6	5.3	5.1	4.9	4.7	4.5	4.3	4.1	3.9	3.7	3.6
2000	18.0	16.5	15.4	14.6	13.9	13.4	12.9	12.5	11.8	11.2	10.8	10.4	10.0	9.4	8.8	8.4	8.0	7.7	7.4	7.1	6.8	6.5	6.2	6.0
2100	25.9	23.9	22.4	21.3	20.3	19.6	18.9	18.3	17.3	16.6	15.9	15.3	14.9	13.9	13.1	12.5	12.0	11.5	11.2	10.5	10.1	9.7	9.3	9.0
2200	37.6	35.1	33.1	31.5	30.3	29.2	28.3	27.5	26.1	25.0	24.1	23.3	22.6	21.2	20.1	19.2	18.5	17.9	17.3	16.4	15.6	15.0	14.5	14.0
2300	47.6	44.7	42.5	40.7	39.2	37.9	36.9	35.9	34.3	33.9	31.8	30.9	30.0	28.2	26.9	25.7	24.8	24.0	23.2	22.1	21.1	20.3	19.6	19.0
2400	59.0	56.0	53.7	51.8	50.2	48.8	47.6	46.5	44.6	43.1	41.8	40.6	39.6	37.5	35.8	34.5	33.3	32.3	31.4	29.9	28.7	27.7	26.8	26.0
2500	69.1	66.3	64.1	62.2	60.6	59.3	58.0	56.0	55.0	53.4	52.0	50.7	49.7	47.3	45.4	43.9	42.6	41.4	40.4	38.7	37.2	36.0	34.9	34.0
2600	77.7	75.2	73.3	74.6	70.2	68.9	67.8	66.7	64.9	63.4	62.0	60.8	59.7	57.4	55.5	53.8	52.4	51.2	50.1	48.2	46.6	45.3	44.1	43.0
2700	84.4	82.5	81.1	79.8	78.6	77.6	76.5	75.7	74.1	72.8	71.6	70.5	69.4	67.3	65.5	63.9	62.6	61.3	60.3	58.4	56.8	55.4	54.1	54.0
2800	89.6	88.3	87.2	86.1	85.2	84.4	83.7	83.0	81.7	80.6	79.6	78.7	77.9	76.1	74.5	73.2	71.9	70.8	69.9	68.1	66.6	65.3	64.1	63.0
2900	93.2	92.2	91.4	90.6	90.0	89.4	88.8	88.3	87.4	86.5	85.8	85.1	84.5	83.0	81.8	80.7	79.7	78.8	78.0	76.5	75.2	74.0	73.0	72.0
3000	95.6	94.9	94.4	93.9	93.5	93.1	92.7	92.3	91.7	91.1	90.6	90.1	89.6	88.5	87.6	84.8	86.0	85.4	84.7	83.6	82.5	81.7	72.8	80.0

参 考 文 献

[1] 韩昭沧．燃料及燃烧［M］．北京：冶金工业出版社，1994.
[2] 张积浩，王恒，彭雨程，等．氧气加入方式对富氧燃烧特性影响规律的数值研究［J］．山东化工，2015，44（20）：12-15.
[3] 顾恒祥．燃料与燃烧［M］．西安：西北工业大学出版社，1993.